從子彈看戰術轉變

步槍、彈藥與醫療的戰略進化

二見龍 | 照井資規 著
Motoki Terui

U0546479

前言

本書的共同作者照井資規為軍事醫療記者，曾撰寫《【增修版】戰鬥外傷救護》一書，開啟自衛隊重視戰鬥醫療（Combat Medic）的道路。該書不僅在日本國內造成反響，就連海外也十分盛讚，於多方面推廣戰鬥醫療的重要性。至於這次的主題則是彈道與彈藥，其重要性與戰鬥醫療並列，但之前卻都沒有太多人去探討。本書除了聚焦此項主題，也大量收錄有關步槍、機槍與彈藥的最新情報等。

一旦理解本書內容，先是會感到驚訝，而後轉變成危機意識。因為從步槍打出的子彈在構造與進化上的關係遠比想像中還要深，且彈藥進化為戰術帶來的改變之大，也著實令人驚愕。

除此之外，世界各國的動向不僅具有戰略性，且是日益精進，作戰方式本身也會隨之改變。

若不正視目前正在穩步進化的世界，日本就會與之脫節。有鑑於此，不只是陸上自衛隊員，就連海空自衛隊、與反恐用槍任務有關的警察、海上保安廳、民間保全業者、醫療從業人員、危機管理相關人員，以及想要進一步充實知識的一般讀者，都很適合閱讀本書。

二〇二〇年四月　二見龍

目次

二見龍

防衛大學畢業。歷任第8師團司令部3部長、第40普通科連隊長、中央即應集團司令部幕僚長、東部方面混成團長等職務，以陸將補階級退伍，成為防災士、地域防災經理。目前任職於株式會社KANADEN。於Kindle電子書籍與部落格撰寫「從戰鬥組織學習人材培育」，並透過X發表如何在戰鬥中追求強大、活著達成任務的方法等。著書包括《自衛隊最強の部隊へ－偵察·潜入·サバイバル編》、《自衛隊最強の部隊へ－CQB·ガンハンドリング編》（皆由誠文堂新光社出版）、《警察·レスキュー·自衛隊の一番役に立つ防災マニュアルBOOK》（ダイアプレス）等。

部落格：https://futamiryu.com/

X：@futamihiro

照井資規

於陸上自衛隊富士學校普通科部與衛生學校擔任研究員，現代戰傷醫療專家。從自衛隊離職後，目前於愛知醫科大學醫學部、琉球大學醫學部、新潟大學醫學部災害醫療教育中心擔任醫療安全與事態應處醫療的講師，並大量投稿軍事／醫療雜誌。擔任不分疾病、外傷、緊急狀況，力圖解決日本救命醫療問題的一般社團法人TACMEDA代表理事(http:// tacmeda.com/)。著書包括《【增修版】戰鬥外傷救護》（楓書坊）、《「自衛隊医療」現場の真実》（ワニプラス），翻譯《救命救急スタッフのための ITLS 第4版》（MCメディカ）、《事態対処医療》（へるす出版）。

部落格：http://blog.livedoor.jp/speranza_raggio-ranger_medic/

X：@TACMEDA

第 1 章

美國國防的2大失策

從陸上自衛隊辭職後，成為軍事醫療記者

二見　首先，可以請照井先生講述一下近況嗎（2019年12月）？

照井　我目前在愛知醫科大學醫學部為4年級學生擔任醫療安全(＊1)的講師。至於在新潟大學醫學部災害醫療教育中心，則於履修證明學程e-learning講義（網路通信講座）擔任「事態應處醫療」講師。所謂事態應處醫療，是指在一般警力無法應處的槍枝掃射事件、爆裂物等惡性重大事件，以及恐怖攻擊、特工破壞、CBRNe事態、戰爭（非軍隊作戰地區）等特殊狀況下的醫療。

此外，我也有在雜誌上連載專欄。《醫藥經濟》雙周刊寫的是「防堵平時醫療體制的破綻」，內容為事態應處醫療與災害醫療，持續寫了4年。《Strike and Tactical Magazine》（SAT MAGAZINE）則寫「重要影響事態應處醫療最前線」，連載持續3年。《Arms MAGAZINE》連載「Combat

---

＊1　以提供高品質醫療為目的，與醫療相關的安全措施
1　患者安全（包括應對醫療事故、自然災害、人為災害）
2　醫師、護理師等醫療從業人員的安全
3　應對醫療事故
4　擔保醫療品質（包含改善教育系統）

First Aid」1年，《軍事研究》誌2016年8月號的「從四肢分斷的戰鬥外傷生還」內容，則於同年9月30（週五）在眾議院預算委員會被民進黨的辻本清美議員引用於質詢。2016年10月號「實效性存疑！陸上自衛隊救命的『10分鐘至1小時』準則」的內容也於該年10月11日（週二）的參議院預算委員會被民進黨的大野元裕議員（現為埼玉縣知事）引用於質詢。其他還有《安全保障與危機管理》誌等有被國立國會圖書館收藏的雜誌，最多同時於4本雜誌撰寫連載。目前主要透過Next Media Japan In Depth等網路媒體發表文章，可因應情勢即時發信，並且廣為擴散。

此外，我最近也常參與JICA[*2]的工作，於海外為日本人進駐之前先行針對安全條件進行確認調查，並對在當地活動的日本人實施安全教育，目前已在13個國家對834名日僑與68名當地人士完成教育講習。對位於約旦首都安曼的特種作戰訓練中心「KASOTC」，也有試著派遣日本醫師與護理師等前往研修，東京電視台系的《未來世紀日本》（2019年5月

＊2 JICA（Japan International Cooperation Agency）為政府開發支援（ODA）的項目之一，為發展中國家的經濟、社會發展提供貢獻的獨立行政法人

22播送）與朝日電視台系、網路電視AbemaSPECIAL頻道的《10億日圓會議supported by日本財團#23》（同年7月16日放送）都有提到這件事情，每個月有一半時間都不在日本。

二見　聽說你也有在繼續進修？

照井　我有在經營一般社團法人TACMEDA，因此去年度曾在日本工業大學專門職研究所進修，目前則於日本大學研讀法律。

TACMEDA原本是以警察官、自衛官、DMAT（災害派遣醫療團隊）為對象，提供事態應處醫療教育而成立的，現在則依世界各國的請求，於東亞地區擔綱所有救命教育工作。在日本國內則不分疾病、外傷、平時、緊急狀況，針對日本的救命醫療問題提供解決之道，最近還在全國實施警犬、軍犬的救命教育，以及寵物與飼主的救命教育。之所以能有這種事業戰略與價值創造，都要歸功於在研究所完成的進修。

二見　那是碩士課程嗎？

照井　MOT（Management of Technology）科技管理學碩士。

二見　如此一來，現在每天都要和時間賽跑呢。

照井　就是說啊，每天都從早上8點一直工作到晚上將近10點。

二見　日子過得這麼忙，一想到將來的事情，總會有些值得高興的吧。

照井　是啊，正是如此。因為是自己開公司，底下也有員工，且如果一般社團法人倒掉的話，就沒有組織會去關切自衛官與在海外活動的日本人如何保護性命了。無論如何都得成功，必須盡可能付出努力。

公司並不是屬於老闆一個人的，也不是屬於股東的，而是屬於社會的。最近企業都會追求：

CSR（Corporate Social Responsibility　企業社會責任）

CSV（Creating shared value　將解決社會問題與企業事業戰略一體化，藉此創造共同價值）

不再透過捐款進行間接性社會貢獻，而是讓企業活動本身就能對社會做出貢獻，並設法解決社會問題。有鑑於此，經營者也必須具備相應的人格才行。另外，進入本世紀之後，任誰都可以自己開公司當老闆，但有95％的公司都會在創業3年之內倒閉。在這些老闆當中，只有5％的人能夠成為真正的「經營者」。對於要將地位提升至足以擔綱經營者，並以最有效率的方式獲得能夠承受權限擴大的精神架構，在研究所唸完MOT真的是很有幫助。

二見　能夠施展的舞台也變多了呢，關於2018年2月出版的《【增修版】戰鬥外傷救護》一書，有什麼有趣的插曲嗎？另外，這本書上市後的反應又是如何呢？

照井　這些書都是出版社的編輯瀏覽弊公司網站之後產生興趣，並前來參與講習，藉此促成出版契機。他們認為「這些內容應該整理成冊，大幅推廣」對講習頗有好評，因而得以出版上市。在這之前，我也曾對多家出版社探詢出書可能性，但都被說日本沒有特別需要反恐醫療，且當今這個時代實體書都賣不好，出這種書也賣不動，多半都被拒絕。

現在，在全國5處（札幌、東京、香川、福岡、那霸）有依照這本書的內容開設體驗講習，每週末都有醫師、護理師、急救士、自衛官、警察官，以及海上保安廳的人員前來聽講。他們都在書上的空白處用小字與圖畫寫滿學習筆記，並讚道「這本書是能保生救命的珍貴寶物」，這真是令人感到榮幸。此書不像自衛隊的教範，必須在退伍後繳回或銷毀，因此有不少自衛隊的部隊單位都曾向出版社表達感謝之意。此外，這本書也給了外務省80本，配發給全世界的日本大使館以備不時之需。

二見　這本書賣得超乎預期，聽說有再版好幾次。

照井　2018年2月27日上架之後，還不到一個月的時間就賣出了6500本。之後一直處於缺貨狀態，只有Kindle版仍持續銷售，因此決定再版。2019年4月23日，增加頁數、更新80%內容的增補改訂版上市。初版印了3刷，增補改訂版也有再版，兩者皆賣了超過1萬本。

二見　如此一來，你不就又要忙著到處演講了（笑）。有在想接著出下一本書嗎？

照井　我正在把這本書的內容重新改寫成如何應對災害，此外，此書也決定要出翻譯版，韓文版已經上市，且在韓國也有再版，並成為韓國軍的推薦圖書。今後預定會推出英文版、法文版、阿拉伯文版、波斯文版、泰文版。翻譯本預計會陳列於2020年11月在美國佛羅里達州舉辦的ITLS國際會議（*3）。

二見　如此一來，出版數量就變得相當驚人呢。

照井　因為國際需求很多，韓文版也是因為目前朝鮮半島的緊張程度提高，因此韓國迫切希望能夠出版，就連駐韓美軍也都想要有英文版。這本書將美軍的戰鬥救護內容以動畫風格插圖進行解說，由於日本動畫在美國也頗受歡迎，因此這種表現方式特別淺顯易懂，可以輕鬆學習。

此外，法國雖然知道美國的醫療技術相當高明，但卻又不情願直接向美國學習。由於他們非常喜歡日本漫畫，因此在去年6月的EUROSATO

---

*3　ITLS（International TrauMa Life Support）。致力發展外傷救護／緊急治療的國際協會

RY2018[*4]時也表示極力希望出版此書。

二見 又要兼顧雜誌的專欄連載，稿債應該相當沉重吧。

照井 每天都被截稿期限追著跑呢（笑）。不過在寫連載文章時，也會促進自己去思考與精進，將之彙整後還能當成教學講義，相當有用。

二見 這真是一件好事呢。一份資料可以派上各種用場，真的是很重要的一件事。

照井 我之所以會開始在「軍事」與「醫療」這兩個領域的雜誌連載文章，是為了成為軍事／緊急狀況醫療記者。如今這個時代大家手上都有相機，且能輕易對全世界發信。世上充滿各種資訊，且無論是誰都能輕易獲取。相對於此，包括假新聞在內的各種假訊息等「雜音」也同時充斥，記者的工作因此得從拍攝照片、蒐集資訊，轉變為透過拍照來取得資訊，然後依據本身的專業來決定如何善用這些資訊。

此時在自衛隊幹部時代學到的戰術思考過程便能派上用場，必須設法將

＊4　歐洲國際防務展。每兩年一次。是於巴黎舉辦的世界最大級國際防衛／安全保障展覽

正確的資訊傳遞給世人。雖然眼前的資訊任誰都能輕易取得，但是對於3年後的短期、9年後的中期、25年後的將來，沒有具備相應洞察力可是寫不出來的。此外，各國軍隊提供的情報幾乎都是UNCLASSIFIED(*5)，這在日美共同訓練、自衛隊的海外研修、AASAM(*6)也都一樣，沒有哪支軍隊會大辣辣地談論祕密話題的。有鑑於此，我就想說要善用自衛隊幹部的經驗，揭開軍事的真實樣貌。

二見　我以前常在陸上自衛隊的官方刊物《FUJI》上看到照井先生寫的步槍與AASAM實情報導，最近就比較沒看到了，這又是為什麼呢？

照井　自衛官時代，我是對《FUJI》投稿最多的自衛隊員，也獲得最多優秀文章表揚。我本來以為在自衛隊任職期間都能發表文章，但在2014年8月從富士學校轉調至衛生學校研究部之後，當時的衛生學校研究部長卻禁止我在部內外發表意見，理由是不希望我個人的見解被看作是陸自衛生科整體的見解。然而，包括《FUJI》在內，自衛隊內部一直設

---

*5　非保祕等級

*6　AASAM (Australian Army Skill at Arms Meetin)。澳洲陸軍主辦的國際射擊競賽

有這種可以迅速傳遞資訊的個人意見發表管道。來自衛生學校的學術騷擾壓力，也成為我決定辭職的原因之一。

二見　原來如此。那麼，接下來就請你以軍事／緊急狀況醫療記者的身份，為我們介紹最新的海外軍事狀況，以及與自衛隊問題的相互比較吧，在此大可暢所欲言。

應當正確理解同盟國美利堅合眾國

最近ACSA(*7)除了之前的美國之外，還加入澳洲、英國、加拿大、印度、法國，成為6國公約。從駐日美軍、日美共同訓練也能看出，對於日本來說，美利堅合眾國無非是安全保障上關係最為緊密的同盟國。另外，提到「外國軍隊」時，首先想到的也是美軍，大家總是認為它們不僅規模為世界最大，實力也是世界最強。然而，在越戰時期，美國陸軍卻在明知M16步槍設計有問題，有可能因為使用不符合性能規格之彈藥而導致過度故障之

*7　ACSA(Acquisition and Cross-Servicing Agreement)。與外國簽署物品、勤務相互提供協定，在安全保障上進行合作的公約。所謂勤務，是包括住宿、運輸（包含空運）、通信、衛生業務、基地支援、保管、設施利用、訓練業務、修理／保養、機場／港灣業務等的「Service」。「物品」則是指糧食、水、燃料・油脂／潤滑油、被服、零件／部件

下，仍把數千挺M16步槍送往越南戰場，在這當中有90％使用了不適合的彈藥，導致槍枝產生慢性故障與作動不良，害死不少美軍官兵。這件事之後會詳細講述，此問題在美國國會的報告中被記載為「近乎犯罪的怠慢」。由此可見，美國就是個為了賺錢，軍隊連自己官兵性命都可以不顧的國家。

1970年代，美國海軍開始配備性能過剩且價格昂貴的戰鬥機F－14(＊8)，導致每日所需經費與F－86(＊9)相比增加至大約80倍，這種差距可不是性能可以解釋的。昂貴的重型戰鬥機結構過於複雜，相當容易故障，導致飛行訓練架次必須減少，反而使制空能力日漸低落，被揶揄為「單方面軍縮」、「自滅型軍縮」，而這點至今仍未改變。

由於航空自衛隊仿效美國空軍採用了F－15(＊10)，單日可出擊次數降至約40分之1。這件事也會在之後談及，若為F－16戰鬥機(＊11)的原型YF－16，也許可以控制在10分之1也說不定。美國花費的軍事相關費用，1分鐘大約為100萬美金，但即便投下如此巨資，美軍卻不見得會配備最精良的武

＊8　美國海軍為取代F－4幽靈Ⅱ式，由美國格魯曼公司（現諾斯羅普．格魯曼）研製的艦隊防空戰鬥機，暱稱雄貓式（Tomcat），屬於第4代噴射戰鬥機。特徵是具備可變翼與長射程的AIM－54鳳凰飛彈運用能力。1970年首飛，1974年由美國海軍、伊朗空軍開始運用

＊9　美國北美公司研製的次音速噴射戰鬥機，暱稱軍刀式（Sabre）。它問世時被視為重要的主力戰鬥機，是一款趕忙投入服役的傑作機，屬於第1代噴射戰鬥機。1947年首飛，1949年開始於美國空軍服役，1950年以後則為西方陣營諸國正式採用

器，也不是什麼最強軍隊。反之，許多官兵還因為自己的武器導致喪命。由於龐大的軍事費用會對美國經濟帶來重大壓迫，導致現狀很難說美軍可以真正保護美國國民。

盲目相信美軍的一切，將會重蹈相同失敗，這已是軍事記者之間的常識。關於這件事，希望自衛官與日本國民都要能夠更為認識。

我曾於陸上自衛隊富士學校[＊12]研究員時代被派往美國出差，並取得Tactical Medicine Essentials（國際標準戰鬥救護指導員培訓資格）。辭職之後，為了在日本實施這套教育課程，我取得了所有證照，並成立TACMEDA（Tactical Medicine council of Asia）一般社團法人，成為負責從日本到中東約旦的亞洲支部。對防衛組織與警察努力普及戰鬥醫療，對企業、學校、交通機關、照護設施則普及救命教育，並努力解決醫療問題。其本部位於美國，教育課程也是發展自美國。

即便如此，由於世界的醫學中心仍位於歐洲，因此我也時常前往法國、

＊10　於美國創立的麥克唐納·道格拉斯公司（現波音公司）研製的制空戰鬥機。暱稱鷹式（Eagle）。1972年首飛，1976年於美國空軍服役，並有4個國家運用。它是用來取代F-4，屬於第4代噴射戰鬥機。日本由三菱重工組裝及授權生產F-15J，配備於航空自衛隊

＊11　美國通用動力公司研製的第4代噴射戰鬥機（多用途戰鬥機）。暱稱戰隼式（Fighting Falcon）。1974年首飛，至今仍於美國與多數國家服役。航空自衛隊配備的F-2戰鬥機就是以F-16為藍本，由日美共同研製的第4.5代噴射戰鬥機

英國、德國、瑞士，以及出口原油給日本的中東約旦，對於日本未來將會伸及觸角的非洲大陸則會去南非共和國，不斷掌握國際動向。

M16步槍與5.56㎜步槍彈

辭職後成為記者，便有辦法傳遞真正的訊息了。5.56㎜NATO第2標準彈藥(*13)，是配合上一個世紀末戰鬥型態的步槍子彈，於300m以內、未穿著防彈背心的狀態具有最強殺傷力。美軍制式步槍M16(*14)的原型AR-15即便射擊8萬發也不會發生故障，在1962年當時是最可靠的步槍。換用5.56㎜子彈，每個士兵的彈藥攜行量便能達到7.62㎜彈的3倍，每個班的破壞能力比起配備前一款制式步槍M14(*15)時，可望提升至5倍。然而，AR-15採用為M16步槍後，使用彈藥卻與原本應該採用的5.56㎜NATO彈藥不同，而是換成美國彈藥廠商無視槍枝特性而製造的不適合(*16)5.56㎜子彈，並將之投入越戰，導致M16變成一款故障頻仍的缺陷步槍。

＊12 陸上自衛隊執行普通科（步兵）、野戰特科（砲兵）、機甲科（戰車、偵察）與這3個職種相互協同相關教育訓練與研究的防衛大臣直轄機關。入校學生主要為普通科、野戰特科及機甲科的幹部自衛官與陸曹

＊13 由比利時FN埃斯塔勒公司與美國雷明頓武器公司設計，北大西洋公約組織（NATO）將之標準化的輕兵器用小口徑高速彈。以NATO加盟國為主的軍隊廣泛採用

槍是一種射擊裝置，原本應該以發射彈藥為基準進行設計，但越戰時期的美軍在換裝M16步槍的同時，卻連帶變更了使用彈藥，使得步槍的連發速度從每分鐘750發變成900發，射速異常變快。這種速度不僅快到讓射手無法妥善控槍，且對槍枝造成的負擔也會增加。因過熱導致作動部件磨耗過快，槍身內部也會附著磨出的金屬粉末。未完全燃燒的發射藥沾染於槍枝發射機構，不僅導致故障增加，且命中精準度與殺傷力也都急遽降低。

之所以會變成這樣，是因為NATO標準彈藥只有規定子彈尺寸，而子彈是消耗品，能獲取的利益遠高於槍枝本體。為了持續獲得利益，美國彈藥廠商硬是將子彈換成自家產品。美國陸軍明知變更彈藥會引發致命故障，卻仍將M16與不適合的彈藥持續送往越南戰場。

因為變更使用彈藥而導致的槍枝問題，的確造成慢性故障與作動不良症狀。針對這點，希望恢復使用前一款制式步槍M14的廠商與軍人們，便開始誇大宣傳5.56㎜子彈的能力不足以及M16步槍的缺陷。為了解決這個問

＊14　1957年由美國尤金・史東納研製的美軍突擊步槍。阿瑪萊特公司的產品名稱為AR-15，美軍制式型號則是M16，又稱「黑色步槍」。口徑5.56㎜，使用5.56×45㎜子彈（M193）

＊15　1954年由美國春田兵工廠設計的自動步槍。發展自第二次世界大戰、韓戰使用的M1加蘭德步槍。口徑7.62㎜，使用7.62×51㎜NATO彈

＊16　1955年11月開戰，1975年4月30日結束，發生於印度支那戰爭後南北分裂越南的戰爭之總稱。前北越（現為越南社會主義共和國）稱之為美國戰爭、對美抗戰

圖1 M16A1

題，便將原型AR-15硬是配合不適切彈藥改造成M16A1步槍[*17]（圖1）。這些後來追加的改造，雖然總算能讓槍枝發揮原本性能，但構造卻變得更為複雜，導致故障反而有增無減，戰鬥時居然有50％的M16系列無法順利作動，陳情信函甚至上呈至美國國會參議員。

然而，這些故障到越戰結束為止卻都未能解決，彈藥廠商為了追求利潤，罔顧前線眾多士兵犧牲性命。然而，他們卻把槍枝故障的責任轉嫁至士兵保養不足，而增產武器保養工具又能讓槍廠進一步獲益。5・56㎜新步槍彈之所以無法發揮原本的殺傷力，都是因為它「不是為了殺敵，而是要以槍傷削減敵方戰力」，這種假訊息透過媒體大肆傳

＊17 M16的改良型突擊步槍

播，有許多人至今都仍相信這種說法。

如此這般，戰爭除了導致身為國家棟樑的青、壯年人大量死亡，還與牽扯巨大財富的賄賂等惡行多有關連。在這當中，受害最深的就是前線戰鬥人員，且也使國防本身陷入危機。在此講述的M16步槍問題，是引用自美國第90屆國會第1會期眾議院軍事委員會M16步槍專案特別小組公聽會。然而，針對這厚達600頁的公聽會記錄與報告，美國媒體卻幾乎都沒有報導。因為這樣的關係，設法弄清楚真相，靠自己的力量保護自己的態度可說是極為重要。不幸的是，當時的美軍根本就不是一支值得本身官兵投以信任的軍隊。

F-15戰鬥機

1960～70年被稱為「美造武器最大錯誤」，就是M16步槍與F-15戰鬥機（圖2）。當時美國本土防空所需要的並非F-4戰鬥機[＊18]，也不是

＊18 美國麥克唐納公司為美國海軍研製的首款全天候型雙發艦載戰鬥機，為艦載戰鬥機及戰鬥轟炸機，屬於第3代噴射戰鬥機。除美國海軍之外，也有多國軍隊採用，暱稱幽靈Ⅱ式（PhantomⅡ）。日本經過各種修改，航空自衛隊直到近年仍在使用F-4EJ

F－15、F－14戰鬥機，而是小巧靈活、武器裝備特化於空戰、價格便宜、容易大量生產機型。而將這些條件付諸實現的，便是F－16戰鬥機的原型機YF－16。

現代戰爭的武器中，最能為武器廠商帶來利益的就是高科技電子裝備。只要能夠交貨，並提供後續維保服務，便能長年滋潤武器廠商。有鑑於此，當時美國正在研製的防空戰鬥機，便於機首裝上能自遠方發現敵機的大型雷達、為追求超音速飛行而配備2具發動機，使得機體必然變得比較大，價格也極端高昂。為了熟悉操作複雜的電子設備，飛行員的培訓時間也得拉長，因此而誕生的便是F－15、F－14戰鬥機。

一味追求超乎需求的高性能，製造出遠高過市場要求的高性能產品，就會使得價格變得非常高昂，最後就沒人會買單，這在商業上稱作「黃金差異化」。一旦戰鬥機開始追求大速度、重視複雜電子設備，變成「黃金差異化」，價格就會水漲船高，無法買到足夠數量。此外，構造過於複雜也會導

圖2 F-15

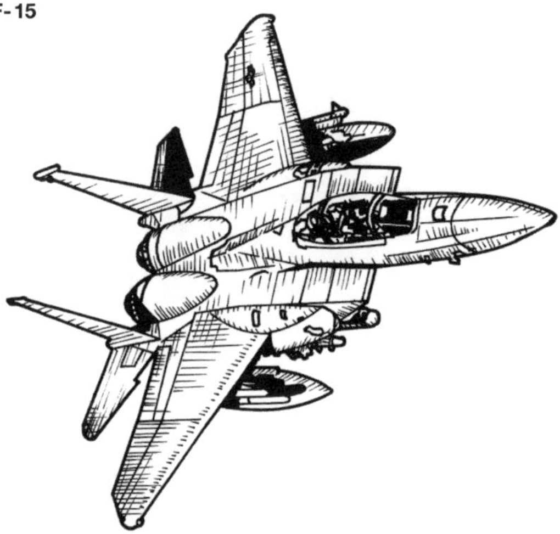

致故障頻仍，使妥善率下降。數量又少、又容易故障的戰機，很難充分培訓飛行員。美國空軍的軍人與廠商看出這項問題，便另行研製出了YF－16戰鬥機。

這款原型機既未配備大型雷達，也將航電設備精簡至最低限度，武裝僅有機砲與紅外線導引式的簡易型射後不理飛彈。最高速度為1.2馬赫，僅有F－15的一半，不過價格與重量也都是F－15的約一半。它既輕巧又靈活，是美軍首款操作成本低於過往機型的戰鬥機。

對戰鬥機而言，湊齊數量相當重要，因為到處都有空域要顧，必須保持隨時都可擊落敵機的能力，才有辦法發揮嚇阻力。為此，就必須配備大量戰鬥機與多數經驗豐富的飛行員，才能維持高出擊率。若選擇便宜又簡單的機型，便能實現這點。不僅飛行員可透過頻繁訓練累積經驗，較少的故障率也能提高出擊率。

在ＮＡＴＯ(＊19)舉辦的演習中，比利時的Ｆ－16曾完勝美軍的Ｆ－15。之所以會如此，是因為當Ｆ－15的高性能雷達偵測到Ｆ－16時，Ｆ－16也能透過雷達預警接收器確認Ｆ－15的存在，但由於Ｆ－16體積較小，比較難以目視，且輕盈的重量也有利加速、轉彎等機動，可輕易切入內圈取勝。此外，比利時的Ｆ－16飛行員訓練時數也比較多。

偵測敵機是預警管制機（ＡＷＡＣＳ(＊20)）的工作，Ｆ－16證明了戰鬥機並不需要高性能雷達，且比起瞬間高速性能，能夠長時間高速巡航比較重

＊19　北大西洋公約組織。由北美、歐洲等諸國組成的軍事同盟

＊20　預警管制機（AWACS，Airborne Warning And Control System）。於飛機上加裝大型雷達，佈署於作戰空域，以高高度飛行的方式發揮較大偵測距離。它能用來監視作戰空域，偵測、追蹤敵我航空器，並對友軍機進行空中管制、提供情報，執掌航空部隊的指揮管制工作，以遂行安全、有效率的航空戰力運用。

要。只要能夠湊足數量，也不須採用雙發動機構型。美國從1970年代開始製造F－16戰鬥機超過30年，它比前蘇聯的任何戰鬥機都要來得優秀。

然而，當YF－16被採用為F－16，並開始配賦美軍之後，卻被改造為可針對地面目標發動攻擊並投擲核子炸彈的「多功能戰機」。機身不僅為此放大尺寸，重量也增加了20％，導致加速性能變差，原本純做空優戰鬥機的性能因而枉費。除此之外，它也加裝了複雜的電子設備，使價格飆升75％。F－16不僅配賦戰鬥機部隊，也有配給肩負空對地任務的部隊，必須以掛載對地攻擊武器的狀態待命，因而無法充分進行飛行訓練。

若單純作為戰鬥機，在執行空戰訓練時可直接掛載實彈，以便隨時都能自訓練轉用於攔截任務(*21)。但若當作攻擊機運用，便無法將滿載炸彈待命的機體用於訓練，只能靠非待命機來訓練飛行員，因而降低訓練時數。如此一來，F－16戰鬥機便步上M16步槍的後塵，被美軍採用後即失去原本性能，無法達成目的。

＊21 迎擊敵方航空器的戰術任務，擔負這種任務的機型會稱為攔截機（Interceptor）

然而，日本的航空自衛隊卻又以失去原本戰鬥機特性的F－16作為藍本，研製成F－2支援戰鬥機（攻擊機）。這個案子不僅在性能上是雙重枉費，價格也大幅飆漲。空自選擇用來取代F－4戰鬥機的是F－15，即便發生前蘇聯別連科中尉駕駛MiG－25P[*22]投奔自由至函館機場的米格25事件[*23]也未改變這項決定。因為這起事件，原本令西方陣營戒慎恐懼的MiG－25被看破手腳，發現它的性能其實沒有想像中高，因此也不需要擁有像F－15這麼高的性能來應對。

近年日本航空自衛隊苦於中國解放軍戰鬥機屢屢侵犯領空，戰鬥機數量不足因而形成問題。若當時採用的是YF－16戰鬥機，花費相同預算便能湊齊成倍數量。實際證明其效益的YF－16戰鬥機，可說是自1970年代至上個世紀末全世界最能發揮實際效用的戰鬥機。時至今日，F－16的發展型仍在持續生產，並於各國空軍運用。而參考其概念研製而成的機型，另外還有瑞典紳寶集團的獅鷲式[*24]（圖3）。

＊22　1964年由蘇聯米格設計局研製給國土防衛軍使用的3馬赫級戰鬥機，屬於第3代噴射戰鬥機。雖然乍看之下好像運用了當時的最高科技，但它其實使用大量真空管等前一世代的電子零件，且機身材質也非鈦合金，而多採用鎳鋼，導致其重量非常沉重

＊23　1976年9月6日，蘇聯的現役軍官維克多·別連科駕駛攔截戰鬥機MiG－25飛往演習空域途中，為投奔美國而脫離編隊，強行降落日本北海道的函館機場

圖3　JAS 39獅鷲獸戰鬥機

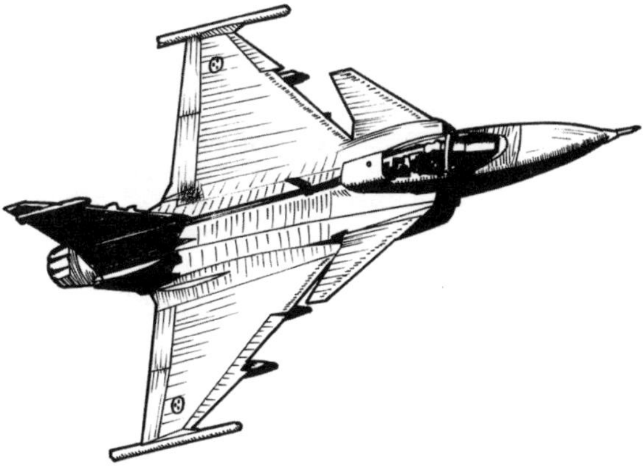

獅鷲式雖然是款輕型戰鬥機，但卻進化成可以肩負制空戰鬥、對地攻擊、偵察等任務的多功能戰機。由於獅鷲式包括維持費用、訓練費用在內的操作成本極具經濟效益，因此對於空軍預算有限的國家來說，是相當合適的機型。2005年修訂防衛大綱以後，空自已不再區分攔截戰鬥機與支援戰鬥機，跟上世界腳步邁入多功能戰鬥機的時代。只要單一機型能夠勝任多種任務，便能簡化飛行員培訓與修

＊24　瑞典紳寶集團研製的多功能戰鬥機，暱稱獅鷲式（Gripen），1996年開始服役，屬於第4.5代噴射戰鬥機。它的尺寸雖然是輕型戰鬥機，但卻能肩負制空戰鬥、對地攻擊、偵察等任務

護等工作。在軍事領域，技術進化與經濟效益必須一併考量才行。

2016年6月，曾發生航空自衛隊的F-15戰鬥機升空應處解放軍戰鬥機侵犯領空時險遭擊落的事件。數個月之後，泰國空軍與中國解放空軍進行空戰演練，泰國空軍的獅鷲戰鬥機隊完勝解放軍。聽聞這項消息後，我曾於AAD2016[*25]實際見到南非空軍配備的獅鷲式。它只用了400m左右的跑道滾行便能離地起飛，性能之高著實令人驚訝。

另外，我也曾前往尚比亞等非洲國家進行採訪，它們會把解放軍的教練機當作戰鬥機來使用。航空自衛隊預計採購147架的F-35戰鬥機[*26]每架要價146億日圓，而獅鷲式每架僅需60億日圓。若考量整個壽期成本，相同預算可以購買3倍數量。F-22戰鬥機[*27]與F-35戰鬥機的性能其實都沒有之前評價的那麼高。於阿拉斯加舉行的RED FLAG國際聯合演習中，F-22曾於模擬空戰敗給歐洲戰機颱風式[*28]。由於其機身尺寸較大，即便雷達匿蹤性較佳，卻還是躲不過紅外線偵測。歐洲戰機的紅外線感測器可於

＊25　非洲航太與防衛展（AAD，Africa Aerospace and Defence）。每年於非洲舉辦的航空器、太空相關機器、防衛裝備展示會

＊26　2000年代由美國洛克希德·馬丁公司研製的多用途戰鬥機，屬於第5代噴射戰鬥機，具備匿蹤性能。分為傳統起降的A型、短場起飛垂直降落的B型、艦載機的C型。日本預計採購A型與B型共147架，A型已經交付40架。

50km外先行掌握F－22的行蹤，並利用其轉彎能力形成優勢。

F－22絕對不是什麼最強戰鬥機，甚至還曾敗給小型教練機。根據2008年RAND研究所[*29]提出的報告，自1950年代起，美軍於空戰擊落的588架飛機當中，僅有24架是由視距外發射的飛彈擊落，可見昂貴的中長程飛彈發揮的成效並不如期待，視距內空戰與飛行員的技術至今仍是航空戰力的關鍵。

擔憂陸自新個人裝備步上F－15戰鬥機的後塵

我之所以講了這麼多戰鬥機的事情，除了是因為日本的航空防衛力正面臨危機，同時也發現有像M16即便使用具有致命缺陷的步槍彈藥卻仍硬是配發部隊那樣，同樣的問題在陸上自衛隊的個人攜行急救用品追加附件上重蹈覆轍。除此之外，陸上自衛隊員的個人步槍與裝備，看似也同樣會步上與F－15戰鬥機一樣的失敗後塵。

＊27 洛克希德·馬丁公司與波音公司共同研製的匿蹤戰鬥機（多用途戰術戰鬥機），暱稱猛禽式（Raptor），屬於第5代戰鬥機，2005年12月由美國空軍開始運用。它能將飛彈與炸彈收納於機身內部，藉此發揮匿蹤特性，且能只靠軍用推力進行超音速巡航。由於匿蹤性能極佳，因此被認為具備世界最高等級的戰鬥能力

＊28 由NATO加盟國當中的英國、德國、義大利、西班牙4國共同研製的多功能戰鬥機。2003年8月開始服役。採用三角翼搭配機首前置翼的布局設計

＊29 美國的智庫。帶有濃厚的軍事戰略研究機關特性

2019年12月6日，防衛省公布採用新型步槍與手槍（＊30）。新步槍選用的HOWA5.56（豐和工業製），其運用思想比世界最新步槍還要落後一個世代。我從開始評選新步槍的時候（2012年）便表示反對，但擔心的事情終究化為現實，關於這點會在後面詳述。

像M16與F-15那種狀況，只要與防衛扯上關係，便一定會發生。我曾在富士學校普通科部研究課從事先進個人裝備系統ACIES III（Advanced Combat Information Equipment System）（＊31）與新個人裝備、新步槍、新機槍、第一線救護的研究工作。針對先進個人裝備系統曾進行過運用實證型研究，而研究成果也有應用於陸自新個人裝備的研究上。

先進個人裝備如同前面提到的F-15戰鬥機，塞入太多不必要的電子裝備，導致裝備重量超過30kg，價格也超過1000萬日圓。如此一來，根本就無法採購到充足數量，且性能也與價格差距甚大。戰鬥力是以人作為基準，光靠電子裝備，是無法將人的能力提升至2倍、3倍的。

＊30　2019年12月6日關於新步槍的防衛省發表
↓https://www.mod.go.jp/j/press/news/2019/12/06b.html

＊31　此套個人裝備系統除了物理上的防護之外，還能讓各隊員共享各種情報（影像、隊員狀況、簡訊、敵軍位置等），透過網路化的方式進行安全且具優勢的戰鬥

若不能像YF－16與獅鷲式戰鬥機那樣，將目的縮減以利湊齊數量，就無法實際派上用場。技術上的高性能與真正能在戰場上發揮作用是兩碼子事，比起昂貴的高科技先進個人裝備，讓所有人員都能配備優秀槍械、防彈背心，以及像步槍兵無線電(＊32)那種個人通信器材，才能有效強化陸上防衛力。

AASAM幕後真相

AASAM是澳洲陸軍主辦的「年度國際射擊競賽」，各方成績經常為人津津樂道，舉辦至今已經過了8年。然而，正如它原本的名稱，這是由澳洲國防軍預備役在國防軍情報本部所在地帕卡普尼亞爾（Puckapunyal）訓練場主辦的賽事，目的其實是要掌握環太平洋諸國的陸軍戰力。

每年透過AASAM蒐集的情報，會由會場的澳洲國防軍情報本部進行分析，值得作為研製新步槍參考的資訊會被送往歐洲等地的槍廠，值得作為訓練參考的則會被送往距離帕卡普尼亞爾訓練場數100㎞的步兵訓練

＊32 步兵用個人攜帶無線電

中心，且這些成果絕對不會對外公開。美、英、法等先進國家的軍隊之所以不會派遣現役第一線部隊參加比賽，就是怕自家情報因此外流。基於相同理由，韓國、中國每次也都不會參加。附帶一提，中國每年都會參加與約旦SOFEX(*33)同時舉辦的Annual Warrior Competition(*34)，且名列前茅。

俄羅斯之所以不參加AASAM也是基於相同理由，雖說AASAM是場射擊競賽，但真正要關注的其實不是比賽成績。在陸自首次參加第3屆的AASAM2014時，身為衛生科幹部的我也隨團同行，目的是前往調查、研究各參加國的輕兵器。在比賽場上，同樣可以看見許多眼光與選手團明顯不同，一直在拍其他國家槍械照片的軍官，他們應該也都跟我一樣，肩負相關調查任務。對於每年都得冠軍的印尼軍隊來說，這場比賽是宣傳其防衛能力與武器廠商的最佳舞台。他們於AASAM取得的成果會在非洲防衛展AAD上大肆宣揚，相當熱衷對非洲諸國進行推銷。

實際拿拿看參加AASAM的軍隊所用之槍械，只要敲敲槍托，就能

---

*33　Special Operations Forces Exhibition。於約旦舉辦的特種部隊展覽會。

*34　由各國特種部隊與民間軍事服務公司組隊進行的各種技術競賽

發現裡面有加裝緩衝器。除此之外，扳機的設定也比照競賽用槍，有經過各種改造以提高命中率。所謂防衛，是基於各國軍隊所恃戰力優劣的「力量平衡」而成立。為了戰力整備而以最有效率的方式蒐集情報，抑或是藉此進行武器宣傳，各方皆懷有其目的，這就是AASAM的幕後真相。

對於常備兵力僅有3萬人左右的澳洲國防軍來說，想要保衛遼闊的大洋洲地區，就得以最具效率的方式整備軍力。AASAM就是為了蒐集情報而舉辦，澳洲本身則沒有要研製武器。只要委託歷史悠久的奧地利槍廠施泰爾·曼利夏（Steyr Mannlicher）進行研製，便能得到相當優秀的步槍，因此沒必要分出人力去進行武器研製。

澳洲很早就捨棄刺刀，配備小牛頭犬式步槍（*35）。由於防彈背心的發達，刺刀已經無法有效刺穿，因此就連美軍都已廢除刺刀格鬥訓練，法軍也只有在舉行儀式時會從武器庫中拿出刺刀。前面說的這些，都是在考察自衛隊的步槍與子彈之前必須先了解的事情。

---

*35　將彈匣與機關部配置於握把與扳機後方的步槍

KASOTC JAWC 2019緊急報導

因新型冠狀病毒SARS－CoV－2的擴大感染，新型肺炎COVID－19正以世界規模大幅流行。我今年也預計前往每年春季於約旦首都安曼特種作戰中心（以下簡稱KASOTC）舉辦的JAWC（國際特種部隊戰技競技會）採訪，然而，這一年的JAWC卻與同時舉辦的特種部隊防衛展SOFEX一起宣佈延期，在寫下此文的2020年3月23日，何時再度舉辦依然未定。由於這一年的AASAM是否如期舉辦也是個未知數，為了怕沒有其他題材可以用來比較目前世界的戰鬥趨勢，在此寫下這篇緊急報導。

日本會從警官與自衛官當中挑出選手，前往KASOTC參加每年春季舉辦的JAWC，藉此迅速學習。陸上自衛隊每年5月也都會前往澳洲參加AASAM，主要目的是供澳洲軍蒐集與本國防衛有關之軍隊的情報。我在擔任富士學校普通科部研究員時，曾與參加ＡＡＳＡＭ２０１４的選手團同行，目的是為了調查其他國家配備的武器。參加ＡＡＳＡＭ２０１４的單位，英軍、法軍是派出太平洋英屬、法屬領地駐軍的預備役，美軍也是派預備役出場。跟預備役比賽射擊，勝負根本就不是重點，而是要藉此觀察世界的現狀。此外，陸上自衛官擅長操作的7‧62㎜口徑手動式狙擊槍已幾乎沒人使用，即便以世界不再關注的7‧62㎜口徑狙擊槍取得射擊好成績，也不過是追在人家屁股後面跑罷了。我前往２０１９年４月13日至20日舉辦的ＪＡＷＣ進行採訪時，切身感受到世界正以遠遠超乎想像的速度不斷進化。

一如附表「ＡＡＳＡＭ與ＪＡＷＣ之比較」所示，參與ＪＡＷＣ戰技競賽的全部都是現役菁英隊員。由來自世界24個國家的軍隊與警察特種部隊組成37支參賽隊伍，規模倍於ＡＡＳＡＭ。中國也很熱衷參與ＪＡＷＣ，在以舉辦過11屆的ＪＡＷＣ當中，２０１３年、２０１４年中國派出雪

名稱	AASAM 2018	JAWC 2019
主辦國	澳洲	約旦
與日本是否有軍事同盟 自衛隊是否參加	有	無
主辦	澳洲國防軍	KASOTC
出場國	環太平洋17國 中東1國 （UAE）	歐洲7國、亞洲3國 美國、中東8國、非洲5國
參加者	全為軍隊 美英有部分為預備役	全為現役特種部隊 軍隊／警察
使用武器	制式步槍、手槍、班用機槍、 輕機槍、狙擊槍	步槍、手槍、狙擊槍
裝備是否可借	全部自備	僅自備步槍、光學瞄準具器， 手槍、狙擊槍為借用
項目特性	以射擊為主	身體能力50% 射擊能力50%

出處：AASAM 2018 International Results Puckapunyal Vic 27 April- 10 May 2018
11th ANNUAL WARRIOR COMPETITION KASOTC

製作：照井資規 2019.5.1 禁止任意轉載

豹突擊隊（中國人民武裝警察北京市總隊第13支隊第3部隊）參加，2017年則由天劍突擊隊（中國人民武裝警察的特種部隊）獲得冠軍。中國之所以能夠拿下最多冠軍，是因為他們在JAWC舉辦之前便會先到KASOTC以實際地形進行為期1個月的競賽練習，這也是世界僅此可見JAWC特色。

KASOTC目前也是美軍最繁忙的中央司令部主要演習場，由於有來自全世界的軍隊與警察齊聚一堂進行訓練，因此可以蒐羅關於戰爭、反恐方面的第一線世界最新情報與技術。包括美軍非洲司令部（ＡＦＲＩＣＯＭ）和以色列等鄰近諸國，也都會在此進行訓練。由於ＫＡＳＯＴＣ屬於訓練設施，因此前來此處除了參加比賽，也能在完善得環境下接受世界最高水準的訓練，並透過ＪＡＷＣ進行實際驗證，最後將成果帶回本國。中國的特種部隊就是靠這種方式培養實力。２０１９年中國並未參加，而歐美曾經奪冠的隊伍則有２０１０年的美國陸戰隊Force Recon、２０１１年的奧地利Cobra、２０１２年的德國ＧＳＧ９，可見其水準有多高。ＪＡＷＣ２０１９由積極從事反恐、應對伊斯蘭極端主義的汶萊獲得綜合第１、第３名。

歐洲成績最好的是白俄羅斯，非洲則由肯亞表現最佳，美國雖然因為年齡層較高，在體力方面比較吃虧，但依然能憑藉優異的光學瞄準具在射擊項目上取得好成績。

約旦在中東諸國當中算是治安特別良好的國家，這都要歸功於他們的特種部隊相當精進，訓練也很完善。唯有具備可恃反恐戰力，恐怖份子才會有所忌憚，藉此發會嚇阻效果。此外，約旦也嚴格限制外國人攜入雙筒望眼鏡等軍用光學儀器，這應該也是透過ＪＡＷＣ得知光學儀器的效用後所採取的反恐對策。

ＪＡＷＣ一如其名，競賽項目重視的是人員能力。包括跨越險峻地形射擊、於暗室內營救人質、登上高塔並於屋頂狙擊後以繩索垂降，包含許多城鎮戰的要素，內容涵蓋警察與軍隊的專長範圍。雖然有時會聽到警察與軍隊並不相同的意見，但如今已是犯罪者也會理所當然穿上防彈背心的時代，警察不能只配備手槍，而是得攜帶步槍，藉此強化武裝。此外，軍隊若交戰距離在３００ｍ以內的話，主角也會是步槍，因此警察與軍隊的作戰方式會越來越相似，而ＪＡＷＣ正好就能反映出這種趨勢。

舉辦ＪＡＷＣ之際，約旦為了預防有人偷藏的手槍或從事恐怖活動，因此規定參加國不得攜帶武器，只能從ＫＡＳＯＴＣ借用。有鑑於此，甚至還有國家僅派什麼武器都沒帶的隊員前來參加比賽。正因為這場賽事的競技重點並非以槍械為核心，而是以人員能力為主。ＪＡＷＣ之所以會重視人員的能力，是因為人員訓練最花時間，而武器只要在有需求時購買即可。ＫＡＳＯＴＣ具備各種世界最新武器，約旦的軍工產業也相當積極向各參加國推銷武器。參加競賽不僅可以一窺世界實力，也能帶回本國所需武器的各種情報，ＪＡＷＣ可說是湊齊了這些條件。

透過ＪＡＷＣ，可以感受到約旦意圖以伊斯蘭國家解決伊斯蘭極端主義引發之恐怖攻擊問題的強烈意志。此舉是為了避免重蹈第一次世界大戰過後法國、英國瓜分統治當時鄂圖曼土耳其帝國領地的覆轍。事實上，２年１度於約旦舉辦的特種部隊防衛展ＳＯＦＥＸ，都會召開反恐國際會議。

ＫＡＳＯＴＣ提供58種訓練課程，其中有7種是與戰場醫療有關。在ＪＡＷＣ開幕典禮，就有操作如何將載有傷病者的擔架水平放下的技巧。ＫＡＳＯＴＣ提供的戰鬥醫療教育相當具有實戰性，除了醫務所之外，也能前往安曼市內的急救醫院進行實習。

在KASOTC的訓練原則上都是使用實彈與真的炸藥，面對槍傷、炸傷時，若不弄清楚創傷原因的槍枝與爆裂物到底如何運作，就很難學會其治療方法。為了保護自身安全，也必須要精通槍械與爆裂物。舉例來說，當警察特種部隊爆破牆壁進行攻堅時，便會使用盾牌在爆破現場旁邊待機，等爆破之後便立即進行攻堅。人員會在盾牌後方排成一列，後半3分之2為醫師與護理師。若有攻堅隊員受傷，醫師與護理師必須要訓練到能在30秒之內為其提供醫療救護。不隸屬於軍隊的醫療從業人員想要體驗學習保護自身安全的方法，放眼全世界也就只有KASOTC才有辦法做到。我在東京奧運／帕運舉辦之前，曾派日本的醫師與護理師前往KASOTC進行研習，以此整備反恐醫療對策。

第2章

步槍彈的進化

驅除害獸時所見槍傷之威力

二見　之前與照井先生見面時，總覺得有在打獵的自衛隊員真是很少見，可以說說這方面的事情嗎。

照井　由於我父親在北海道擁有一片原野，該處常有鹿出沒，因此便開始進行狩獵以驅逐害獸。由於我在陸上自衛隊是隸屬普通科連隊，且又習於在冬季積雪的寒冷地帶移動，再加上熟悉槍械操作，因此就去考了獵人執照。實際用槍射擊野獸之後，目睹身體尺寸倍於人類的蝦夷鹿與棕熊身上的嚴重槍傷，便覺得應該要有人去推廣該如何處置槍傷。開始打獵之後，我也決定從普通科轉調到醫療職種的衛生科，這幾乎是在同一時期發生的事。

二見　我擔任連隊長的時候，曾強烈希望照井先生當上自衛隊幹部後也能繼續在普通科的戰鬥領域努力開拓創新，想不到原來背後還有這樣的原因啊。當時（2000年代前半）自衛官對於被槍打中會是何種光景，恐怕是幾乎完全沒有概念呢。大家搞不好都以為可以像電影演的一樣，即便中槍了也能透過某些治療方式活下來，並直接以這種不明就裡的心態來面對戰鬥。然而，現實卻不是這麼一回事呢。

照井　我當上幹部的時候，正好在進行伊拉克第12次派遣隊的訓練，一個不小心就很有可能會真的戰死沙場，因此便開始認真思考這種危險。然而，就連理應是當時日本最為充實的伊拉克派遣隊訓練，對於槍傷的急救處置也沒有學得相當充份。因此我覺得有必要出國去獲取各種情報，然後帶回日本進行發展才行。雖然這是一件相當困難的事情，但我還是決定去考完全不同職種的幹部。

二見　從那個時期開始，被槍打到的照片在網路上頻繁出現，相信大家都曾經看過。雖然有些隊員看了之後也覺得很不得了，但這種危機感卻無法在整個自衛隊感受到。

照井　將「不前往會發生戰鬥的地區」這種毫無根據的事情列為前提，一旦被子彈或砲彈破片擊中，就只能原地等死放棄治療，真的是很要不得。甚至還有人認為穿上防彈背心就不會受傷，被子彈打中也不過就是身體開個小洞，真是無知到極點。這些錯誤的認知與期待，都是阻礙第一線急救領域精進的心態。

二見　就是說啊，有隊員甚至還覺得只要穿上防彈背心就可以刀槍不入、所向無敵呢。然而，聽永田市郎先生說(＊36)，抗彈等級3的背心其實只能抵擋手槍子彈與砲彈破片，我記得他說若沒有插入抗彈板就會被貫穿，根本派不上用場，要到等級4才真的有用。

然而，看到在伊拉克被擊中的美軍士兵狀態之後，自衛官又會覺得真的被槍打到肯定就會沒命。為了讓隊員認真思考被槍擊中負傷會處於何種狀態，今後就必須針對戰鬥外傷救護進行完整教育才行，照井先生就是想要著手推動在陸上自衛隊仍不充份具備的戰鬥外傷救護領域吧。

照井　正是如此，我入伍時原本是擔任在第一線戰鬥普通科職種，與醫療

＊36　住在美國的攝影師（鹿兒島縣出身），同時也是槍械教練。擔任第40普通科連隊的外聘講師，講授CQB（限制空間戰鬥）與槍械操作訓練。詳情請參閱《自衛隊最強の部隊へ—CQB・ガンハンドリング編》二見龍 著（誠文堂新光社 出版）

衛生幾乎扯不上邊，之所以會想發展戰鬥外傷救護，該說是自己使命呢，總之就是覺得應該去做這件事情。我原本是反裝甲專長，晉升一等陸士的時候，曾以口譯身份參加日美共同訓練，仔細觀察過美軍的反甲排、步槍排、衛生排。當時我對於美軍與陸上自衛隊的差距感到非常震驚，美軍不但精通作為陸上作戰骨幹的反裝甲戰鬥，對於作戰、負傷、急救卻也都視為「會發生在人身上的事情」。我之所以會想一併探究戰鬥與急救這兩個領域，應該就是從那個時候開始的。

二見 由於你說因為在驅逐害獸時看到槍傷，所以才會往戰鬥外傷救護方向發展，因此可以再多講一點驅逐害獸的事情嗎？回頭再講一下拿槍打熊的時候是怎麼一回事吧。

照井 熊是一種警戒心非常強的動物，因此得先維持在Baseline（＊37），一旦擾亂自然環境，就沒辦法得手。也就是說，如果讓熊察覺到有異物出現在牠平常的生活領域，便無法與牠對上。因為如此，所以首先要想辦法融入自然環

＊37 當下的平常狀態

境，這點非常重要。這在獵捕蝦夷鹿時也是一樣，但蝦夷鹿與熊不同，如果碰到的是棕熊，萬一沒有確實打死牠，被殺掉的就會是自己。若沒有讓牠死透，熊就會反撲過來。有鑑於此，獵熊時就得要有持用威力比自衛隊用的7.62㎜NATO彈大上數倍之槍械的夥伴在旁備援，才有辦法確實搞定。

二見　沒想到棕熊是這麼敏感的動物，傳統獵人對於融入自然狀態可說是再拿手也不過，在打獵的時候，必定會想辦法抹除自己的存在感。

照井　如果驚動鳥類讓其飛起，自然的平常狀態就完全被打亂，這時也別想在該處打獵了。驅逐害獸時使用的車輛大多都是像鈴木Jimny那種輕型小貨車，但在距離獵場2㎞前就必須下車，然後靜悄悄地隱藏氣息靠近獵物。

二見　美洲原住民在打獵的時候，會在現場靜待20分鐘左右，藉此融入自然環境，然後才開始緩慢行動，真是英雄所見略同。

照井　正是如此，依據狀況，有時甚至連車門都要直接打開而不關上。由於關車門的聲音會驚動獵物，因此當引擎熄火之後，大約也就是要靜待20分鐘，以假裝我們已經遠去。

二見 熊真的是很聰明呢，真是難以對付。

照井 就是說啊，不僅難以對付，若沒確實打死，還會遭到反撲，讓自己的生命暴露於危險，真是有夠恐怖。正因如此，才必須具備能夠確實打死熊的強力槍械，這點與反裝甲戰鬥還真有點類似的說。

二見 可以講詳細一點嗎？

照井 如果手上武器的破壞力不足以確實取勝，那就不應該挑起戰端。除此之外，以多具反裝甲武器指向戰車，與用多把槍枝去對付熊，就具備反裝甲戰鬥專長的我來看，真的是還蠻類似的。

二見 這種說明方式還真的很能讓自衛官理解呢。我有聽過在抹消存在感的時候，因為聽到聲音而轉頭一看，卻發現有隻熊以雙腳站在背後，然後腦袋就被啃掉了。你去打獵的時候有碰到過什麼恐怖的狀況嗎？

照井 我自己是沒碰過，但還真的有人一轉頭就碰到熊，然後被熊巴頭，整個臉皮都被撕下來。這件事還有上新聞，看到這則消息瞬間令人寒毛直豎。

二見　熊的力量真是超乎想像，與熊相比，鹿應該比較沒那麼敏感吧，跟熊有什麼不一樣嗎？

照井　鹿的警戒心其實與熊沒什麼兩樣，就算逃跑時也十分警戒，比熊還難對付呢。在追鹿時，會在通路各處配置啟動引擎的車輛，這樣鹿就不會往那裡逃，某種程度上可以控制牠的逃跑方向，藉此成功獵捕。另外，鹿真的是很怕狗呢。如果放狗去追鹿，鹿就會失去冷靜四處亂竄。一般而言，鹿在走出開闊地點之前，會先在樹林內停一陣子警戒四周，但被狗追時就會直接奔出林子，只要守株待兔即可得手。

二見　真是有趣啊，之前你曾經有送過熊肉與鹿肉給40連隊(＊38)，那些都是你自己處理的肉嗎？

照井　捕獲的獵物一定都是自己處理。

二見　子彈打進野獸身體，並在體內旋轉，那是怎麼樣的感覺呢？

＊38　陸上自衛隊第4師團麾下的普通科連隊。駐紮於福岡縣北九州市的小倉駐屯地。作者二見曾擔任該連隊的連隊長

圖4 89式步槍

照井 若是步槍子彈，就會有如在身體內部爆炸那樣。子彈除了在空中飛，也會一邊旋轉。至於命中後會對身體造成何種影響，若為89式步槍（圖4）[*39]，子彈要前進17・6㎝才會轉一圈，由於鹿的身體並沒有那麼厚，子彈還沒轉完一圈就會穿出去。有鑑於此，人們常說的子彈垂直方向旋轉對於身體的破壞其實沒有太大影響。影響最大的是彈頭飛行速度帶來的震波，光是1發步槍子彈的破壞力，就足以讓比人類腿骨、腕骨粗幾倍的鹿、熊腿骨縱向爆裂，使其骨

＊39 豐和工業製造的5・56㎜口徑自動步槍。1989年採用為自衛隊的制式步槍

折。這種槍傷光是靠三角巾與止血帶是沒辦法輕易止血的，如果不是親自處理過獵物的肉，是沒辦法了解到這麼詳細的。

二見　陸上自衛隊的訓練也是使用三角巾，或只帶1條止血帶，以及如何處理骨折。雖然有做這些一般訓練，但是對於遭槍擊後的應處，當時可說是幾乎完全空白。

照井　我是在1995年左右入伍，當時前蘇聯仍然構成威脅，在北海道的北部方面隊有自行比照日本紅十字會學習急救法。雖然覺得那已經很高段了，不過現在已經透過科學證實三角巾與棒子並沒有辦法止住出血。如果不是實際看過被槍打到的傷口，應該就不會想到第一線必須要備齊救命所必需的急救用品。

關於子彈進化的必備知識

二見　我覺得自衛官幾乎都沒能搞清楚槍枝特徵與子彈特性，就連我自己也一樣。在請照井先生前來小倉（第40連隊駐地）進行簡報，以及邀請永田市郎先生蒞隊指導之前，我都不知道有的子彈擊中後會開花，還有分成全鉛彈、空尖彈（＊40）等種類，每種子彈的破壞力也都不太一樣，這些知識根本前所未聞。由於照井先生曾經摸過各種槍械與彈藥，因此在本書中也務必講一下這方面的知識。

照井　槍械只不過是發射裝置，真正會對人體或武器造成破壞效果的其實是彈頭，因此彈頭的進化也特別飛速。只要研究子彈，便能了解當今戰爭呈現的是何種樣貌。有鑑於此，除了研究戰爭歷史之外，若要預測未來的戰爭將會如何，研究子彈也是一件非常重要的事情。

我曾去參訪EUROSATORY 2018，子彈在這2年有著飛速進步，身為自衛官，應該要多了解一些這方面的訊息才是。由於大多數自衛官在訓練時只有射擊過靶紙或塑膠標靶，子彈命中後只會打出一個洞，因此無法得知槍彈真正的恐怖。一旦有機會射擊物體，或透過狩獵射擊動物，

＊40　彈頭尖端有溝槽或空洞（Hollow）的子彈，會對人體等柔軟目標造成極大損傷

圖5 **7·62㎜子彈彈著時變形的進化**

便會知曉自己手上所拿的槍到底有多可怕，我認為這點非常重要。

二見　我認為5·56㎜彈與7·62㎜彈(*41)是差在衝擊力，以及命中時的特性，這樣認知是否正確？雖然在破壞力上互有差距，但有人認為5·56㎜比較好用，有人則覺得7·62㎜才比較妥當，各方皆有其論點。你看過的槍比較多，關於這方面可以多談談嗎。

照井　直到上個世紀為止，考量的重點都是放在威力上面。

二見　自衛隊大概還找不到哪個單位會持有這種樣本（圖5）。

---

*41　北大西洋公約組織（NATO）標準化的輕兵器子彈，為NATO加盟國等軍隊廣為採用

照井　真的沒有，但實際看看這些樣本卻是非常重要的事情。目前最常使用的子彈樣本，是我去海外靶場撿拾蒐集而來，還有去請教專家，獲得相關知識。以前的彈頭在命中後只會稍微扭曲變形，彈頭直徑並不會大幅改變。有種子彈叫做達姆彈[＊42]，彈頭命中後鉛質彈芯會像香菇張開蕈傘那樣「開花」，因此被海牙公約禁止用於戰爭。像這種會開花的子彈，由於彈頭直徑擴大的關係，造成的衝擊力道也會比較強。若能大量射擊，就能構成非常強大的衝擊力。

根據越戰時代美軍做的研究，只要將制式步槍彈藥換成5・56mm彈，每個士兵所能攜行的彈藥數量就會是7・62mm彈的3倍，進而使每個班的破壞能力可望提升至配備M14步槍時的5倍。在短時間內打出大量子彈，以此構成強大衝擊力。

話說回來，進入本世紀後，對於子彈的想法卻有明顯改變。子彈並不只是要能打中對手，其中甚至還集結許多最尖端工業技術。一如前面所說，槍

＊42　19世紀由英屬印度達姆兵工廠製造的子彈。命中後鉛質彈芯會膨脹成香菇狀（稱為Mushrooming現象），容易於人體內停止，將彈頭動能全部傳遞至人體，藉此造成嚴重損傷。即便能夠幸運撿回一命，也會被鉛毒慢性傷害，因此被禁止用於戰爭。然而，由於它能為獵物減少不必要痛苦，因此在因環保問題禁止使用鉛質彈芯之前，都是備受推薦的狩獵用子彈

圖6 **彈著時的變形過程**

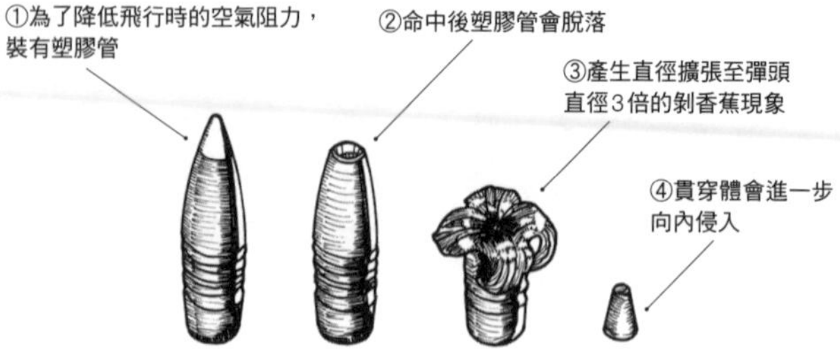
①為了降低飛行時的空氣阻力，
裝有塑膠管
②命中後塑膠管會脫落
③產生直徑擴張至彈頭
直徑3倍的剝香蕉現象
④貫穿體會進一步
向內侵入

械只不過是發射裝置，實際破壞物體的是子彈，因此技術也匯聚在子彈上頭。由於5.56㎜彈頭的直徑過小，命中目標後能打出的孔洞也只不過彈頭尖端至彈頭直徑程度。即便露出軟鐵彈芯，擴孔程度頂多也就是10㎜左右。就技術而言，已經無法做到超越這種程度的破壞力了。

也就是說，它只能發揮等同於彈頭直徑的破壞力。然而，現在的高科技已經可以做到讓7.62㎜彈頭在飛行途中靠裝於中央的塑膠管減低阻力，命中後此塑膠管會脫落，並產生一種稱為「剝香蕉」的現象，讓尖端宛如剝下的香蕉皮般擴張變形，藉此破壞陶瓷抗彈板（圖6）。

二見 這連抗彈板都能打壞喔。

照井 是的。破壞陶瓷板後，子彈內部的貫穿體（Penetrator）則會繼續前進，並穿透軟質護甲。雖然貫穿體的直徑僅有3mm左右，但例如肝臟，破壞範圍會是彈頭直徑的40倍，而3mm的40倍就是12cm，已足夠摧毀超過半個肝臟。即便是這麼小的物體，只要打進身體的速度夠快，一樣可以致人於死。

二見 關於彈頭命中時會變形這個特點，其他還有什麼好處嗎？

照井 彈頭在命中時會擴張的這種功能，對於防止跳彈也有很大幫助。當子彈命中堅硬物體之際，若彈頭尖端開花擴張，就能有效防止跳彈。就這方面的效果而言，7·62mm彈也較為有利。

此外，尖端會擴張的彈頭對於抗破片頭盔這種帶有圓弧的護具，以及重視避彈設計(*43)的斜面裝甲也具有貫穿效果。彈頭開花後，就像是用整個手掌去接籃球那樣，對於圓弧形的頭盔也能確實吃進去。現在的子槍即便以極淺角

*43 把會被子彈打到的表面傾斜，讓它不是正面迎擊子彈，這樣可以讓子彈滑過去以減少直接命中的效果

度命中抗破片頭盔也不容易彈開，而是會打進內部。

關於貫穿效果，一如圖7將各種彈頭進行比較，可看出7.62㎜彈的彈芯因為夠粗，所以在貫穿後比較不容易變形。5.56㎜彈因為太細，所以容易變形，甚至無法貫穿。為了提高細彈芯的強度，會使用硬度較高的鋼材，或是進行熱處理，讓其變得可以貫穿，但這也會導致每發子彈的單價變得相當昂貴。

二見　在子彈進化的同時，防護背心應該也會跟著改變吧。對於防護背心的貫穿效果又是如何呢？

照井　最近7.62㎜步槍彈頭對於個人用複合護甲的有效性已顯著提升；抗彈材料與子彈的關係宛若盾與矛，不斷相互拉鋸競爭。近年防彈材料的進步與子彈加工精度的提升，幾乎已經是以半年為單位優劣互換。

為抵擋槍彈對個人身體的傷害，一般會使用極為堅硬的陶瓷板，讓彈頭被壓毀，再搭配韌性強度較高、衝擊傳播速度較快的芳綸纖維(＊44)等材質，擴散

＊44　3大合成纖維（聚酯、聚丙烯腈、尼龍）之一，與尼龍同屬聚醯胺（醯胺聚合物），但化學結構卻是芳香族聚醯胺。為了與脂肪族聚醯胺的尼龍區別，會稱其為芳綸。芳綸的耐熱性大幅超越尼龍，且抗張力可達相同直徑鋼鐵的3倍，是種強度很高的纖維

圖7 5·56mm彈與7·62mm彈頭功能比較

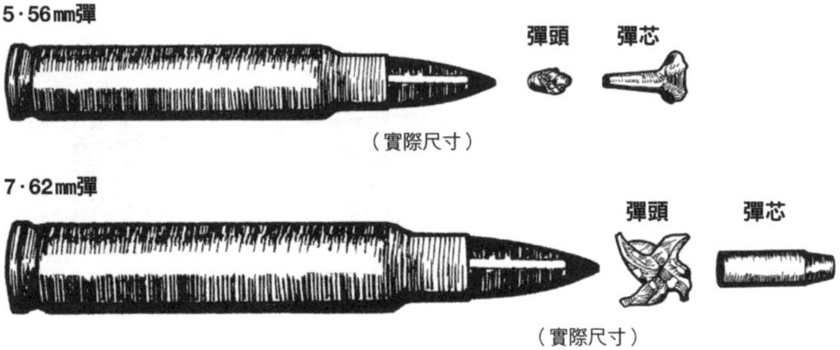

衝擊力道，發揮複合護甲效果。若被一般子彈命中，彈頭就會像「傳統子彈的貫穿效果」之圖（圖8）那樣被壓毀，失去貫穿能力，而其衝擊力道則會被芳綸纖維吸收。此外，由於彈芯是以較軟的鉛製成，因此這種複合護甲已能有效抵擋槍彈貫穿。

然而，目前子彈的彈芯已經改用較硬金屬，且在沖壓加工時會加上溝槽，讓彈頭命中時開花成十字形。這種子彈命中個人複合護甲，就會像「現今7·62mm子彈的貫穿效果」之圖（圖9）那樣，彈頭會破壞陶瓷層，

圖8 **傳統子彈的貫穿效果**

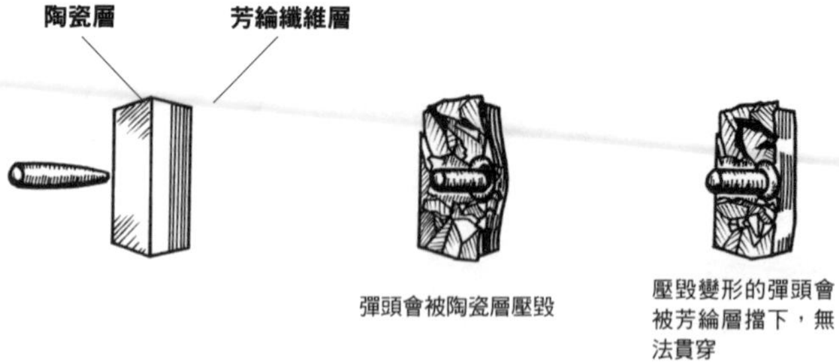
陶瓷層
芳綸纖維層
彈頭會被陶瓷層壓毀
壓毀變形的彈頭會被芳綸層擋下，無法貫穿

並貼附至芳綸纖維層。接著，以堅硬金屬製成的彈芯則會貫穿芳綸纖維層。前面講過的「剝香蕉」，就是把彈頭加工成可以變形到像是剝下香蕉皮的狀態。

二見　感覺很像是戰車的穿甲彈呢。

照井　你說的沒錯，跟翼穩脫殼穿甲彈（APFSDS：Armor-Piercing Fin-Stabilized Discarding Sabot）(＊45) 很像呢，與反裝甲戰鬥有著異曲同工之妙。但即使花這麼多錢打造1發子彈，對於7.62㎜而言仍舊十分划算。這麼一來，每個步槍班都會想要來個1挺的說。

二見　就是說啊。還有就是在海外交戰

＊45　戰車主砲使用的裝甲砲彈

圖9　現今7・62㎜子彈的貫穿效果

子彈命中陶瓷層
彈頭尖端變形，
咬入陶瓷層
彈頭沿著溝槽
擴張開花
彈芯貫穿芳綸纖維層

時，即便是在城鎮區，有時也會需要長射程對吧。如此一來，5・56㎜彈就會有點力不從心，要靠7・62㎜彈才比較能夠發揮作用吧？

照井　是的。制式步槍從7・62㎜演變成5・56㎜的小口徑「突擊步槍(*46)」，並且加以普及。如此一來，300m以內的交戰距離便會有殺傷力非常強的子彈交相飛馳，密度多達7・62㎜步槍時代的5倍，使這樣的對峙範圍變成所謂的「死亡間距」。由於大家都不想進入這種死亡間距，因此會隔遠一點交戰，此時重獲評價的7・62㎜「戰鬥步槍(*47)」就又能夠重出江

＊46　重視射程300m以內之殺傷力與制壓火力的自動步槍。採用5・56㎜彈，可攜帶較多彈藥。為目前步兵普遍持用的自動步槍

＊47　射擊7・62㎜NATO常裝彈（全裝藥）的軍用自動步槍稱為「戰鬥步槍」。美軍將M16系列稱為陸海空軍／陸戰隊與預備役的制式步槍，M4卡賓槍稱為「突擊步槍」，能力提升型M14精確射手步槍則相當於「戰鬥步槍」

湖現身戰場。若在城鎮區交戰，不免就會碰到玻璃窗門，而5・56㎜彈擊中玻璃後會變得比較不穩定，重量較重的7・62㎜彈則不必太擔心，即便打穿玻璃也不太會影響到彈道。

此外，碰到防彈玻璃，5・56㎜彈只能造成數倍於彈頭直徑、直徑3㎝左右的裂痕，但7・62㎜彈卻能以剝香蕉現象造成數倍於直徑範圍、直徑高達10㎝的裂痕。對於防彈玻璃，其實沒有必要真的貫穿，只要造成裂痕，使內部無法看見外部，就足以讓防彈玻璃失去意義。若想造成許多裂痕使其無法透視，7・62㎜彈可說是非常有效。

二見　原來如此。所以前面所說的可以歸納如下：

◎7・62㎜彈可提升命中時的貫穿效果並防止跳彈，彈頭也容易加上各種功能，因此對於抗衡護甲技術發展具有優勢。

◎5・56㎜彈尺寸太小，難以附加各種功能。雖然還是有技術能夠做到，但缺點是價格會變得非常昂貴。

大概是像這樣吧。那麼，在本章的後半，就請照井先生談一下7・62㎜彈的有效性，以及適當的槍管長度吧。

7・62㎜彈的有效性

首先，要講一下現在主流的彈頭材質。由於會對環境造成較大影響，因此已經完全不使用鉛，取而代之的則是銅與鐵。貫穿體使用較硬的鋼，以鋼或不鏽鋼作為彈芯，彈頭尖端則以塑膠製成。

至於自衛隊使用的子彈，首先有堅硬彈芯（硬鐵），於彈芯上加入鋼質貫穿體，然後再用銅皮包覆，形成雙層構造。

命中目標後，由於尖端貫穿的鋼與鐵質彈芯重量不同，因此打入身體的彈頭會像圓盤鋸那樣沿縱向旋轉，將動能傳導至命中之肉體，殺傷力相當強。如果擊中硬物，貫穿體就會從中飛出加以貫穿。但若打中軟質物體，就會立刻失去穩定性，沿著縱向打轉。

5．56㎜彈是為了配合自1939年爆發的第二次世界大戰到上個世紀末的戰鬥間距，也就是300m以內的交戰距離而研製，讓其殺傷力能大於7．62㎜NATO彈。之所以會流傳它僅是為了傷人而非殺人，是為了掩蓋其未能在越戰中發揮原本性能的過失，透過媒體廣為宣揚的道聽塗說。

也就是說，在300m以內的距離，5．56㎜彈的殺傷力可說是大於7．62㎜NATO彈。彈頭的殺傷能力，比起彈頭尺寸、重量，「穩定」與「不穩定」要素對於破壞人體的影響力會比較大。由於既小又輕的彈頭較不穩定，即便在空氣中能穩定飛行，一旦命中不同密度的物體，例如密度幾乎與水相同的肉體，便會瞬間陷入不穩定，轉為不規則運動。若彈頭又大又重，便能增加穩定性，即便命中肉體也能維持動能直線前進，並直接貫穿而出。速度較快的小型子彈對人體的破壞力比大型子彈來得強這點，早在越戰開打前１００年便於歐洲為人所知。

圖10為以硬度等同於人體的明膠製成「彈道明膠」用於貫穿測試的意象圖，上為５．56㎜彈，下為７．62㎜彈。子彈命中人體時，會像圖10那樣將震波傳導至彈頭直徑30～40倍的範圍，形成瞬間空洞。瞬間空洞會在瞬間收縮，明膠出現裂痕與因缺損變色的部份，就是因形成瞬間空洞遭到破壞。

至於沿著彈頭通道遭破壞的部份，則會形成管狀槍傷。由於尺寸與形狀變化較小，因此又稱永久空洞（射創管）。

比永久空洞大上30～40倍的瞬間空洞，是來自像步槍子彈那樣，秒速達到６００ｍ以上的高速彈所造成的槍傷。至於像９㎜手槍彈（＊48）那種秒速僅有３６０ｍ的子彈，則只會形成永久空洞。

瞬間空洞宛如在身體內部引起爆炸，會留下嚴重創傷（圖11）。外觀所見與內部破壞並不一致，是步槍子彈槍傷的特徵。

＊48　主要用於手槍或衝鋒槍的小型子彈，由德國武器彈藥工業研製，從１９００年初一直生產至今

圖10 瞬間空洞產生距離

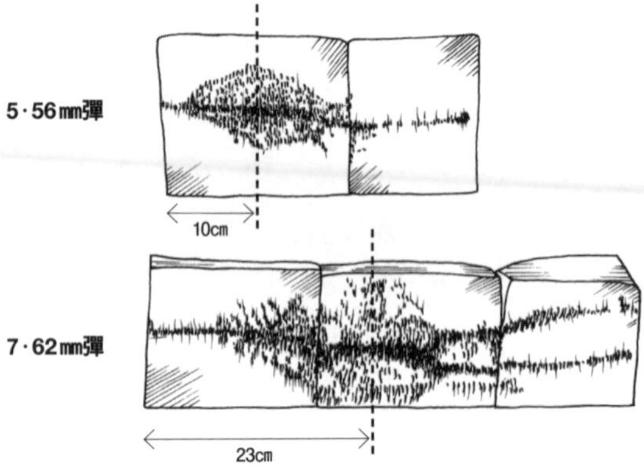

由於彈頭破壞力所及範圍為瞬間空洞的最大直徑，因此在射入人體之後，在距離射入口多少距離處會達到最大瞬間空洞，就是殺傷能力的關鍵所在。圖10的虛線部份為各彈頭瞬間空洞達到最大直徑的位置，由於7．62mm彈射入身體後仍能暫時維持穩定，因此在彈著後約23cm的位置會達到最大破壞力。由於人體並沒有那麼厚，因此若遭正面命中，在達到最大殺傷能力之前子彈便會穿出。至於5．56mm彈，

圖11 永久空洞與瞬間空洞對人體造成的影響

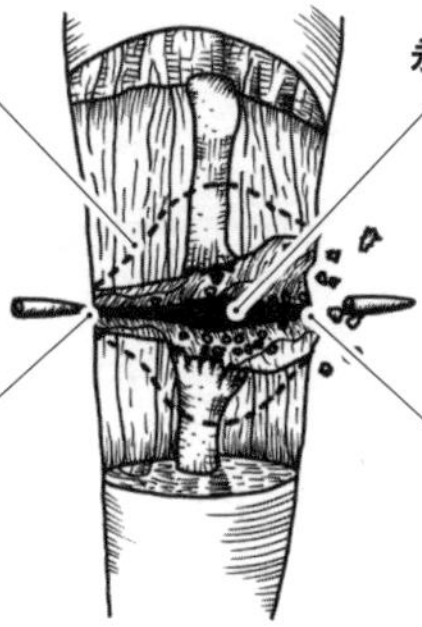

對於人體組織的破壞會達到子彈直徑的30～40倍

由於射入人體後會立刻陷入不穩定狀態，約在10㎝位置便會達到最大破壞力，因此殺傷力遠大於7・62㎜彈。

另外，由於5・56㎜彈的尺寸比7・62㎜彈小，重量也較輕，因此攜行彈藥數量會比較多，適合用於以步槍連發方式制壓敵軍的用兵思想。越戰結束後，美軍的制式步槍改為M16A2（*49），較能發揮5・56㎜彈藥原本的性能。歐洲諸國也將制式步槍改成5・56㎜小口徑，使

*49 以M16A1為基礎，為配合5・56×45㎜NATO彈的使用，進行設計修改後的M16A1E1，於1983年被美軍正式定名為M16A2突擊步槍。口徑為5・56㎜，使用5・56×45㎜NATO彈

圖12 具備「剝香蕉皮」功能的7.62mm子彈的破壞力

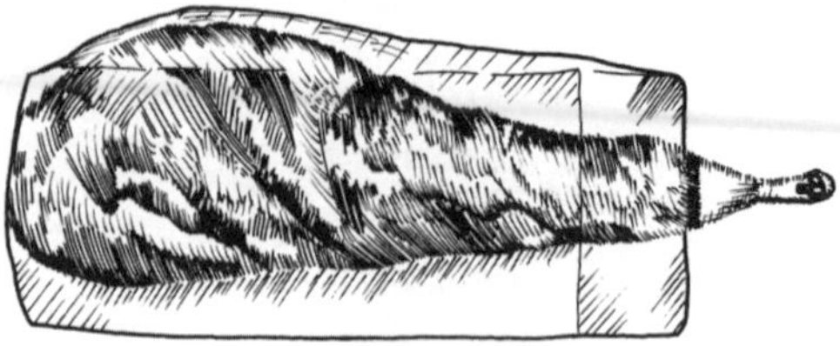

300m以內的交戰距離化為「死亡間距」，殺傷力遠高於7.62㎜步槍的小口徑子彈將會以高達5倍密度在此距離交相飛馳。

然而，這已經是上個世紀的做法了。由於子彈加工精度提升，再加上環保問題不再使用鉛質彈芯，使得彈頭尖端能夠大幅開花的剝香蕉7.62㎜彈破壞力變得遠遠凌駕5.56㎜彈（圖12）。

此外，由於大家都不想進入交戰距離300m以內的「死亡間距」，使得交戰距離延伸至400m、500m，這會讓5.56㎜彈失去動能，導致殺傷力急遽減弱。再加上防彈背心等複合護甲技術發達，個人防彈裝備日漸普及，使得彈頭也必須在貫穿防彈背心後依然能夠發揮殺傷能力，讓7・62㎜彈再度獲得矚目。充實官兵急救教育也使得戰鬥醫療持續進步，讓本世紀又再度回到7・62㎜彈的時代。

總結以上所言：

◎5・56㎜彈在1939年至上個世紀末這段期間，於交戰距離300m以內、個人防彈裝備尚未發達的條件下，是種殺傷能力很高的彈頭。但在交戰距離延伸至400m以上、個人防彈裝備較為發達、急救處置能力有所提升的現代，這些優點便全然盡失。

何謂「適當槍管長度」

接著要來談談裝藥(＊50)，對於裝藥，人們大多會覺得它好像是靠爆炸，但其實它只是進行燃燒。另外，有人可能會覺得它只在藥室內燃燒，但其實從彈頭進入槍管(＊51)前進開始，直到飛出槍口的瞬間，裝藥都會持續燃燒。有鑑於此，裝藥的份量與組成，就必須依槍管長度、彈殼(＊52)長度以及彈頭重量來計算，以此進行縝密調整。因為這樣的關係，反而是裝藥較少的子彈會產生過度燃燒，進而毀損槍枝，可能導致連發速度異常快速，或是引發爆炸。

裝填於彈殼內的火藥會燃燒產生高壓氣體，藉此推動彈頭前進，將其從槍口射出。此時彈殼內的火藥會在藥室至槍口這段槍膛內部進行完全燃燒，獲得最大推進力與射擊精準度（圖13）。從子彈與槍管的這種關係也能看出，槍管長度是基於使用彈藥設計而成，對於5・56㎜ＮＡＴＯ第2標準彈藥來說，20吋（50・8㎝）的槍管長度便是能夠確保６００m最大有效射

＊50　用以射出彈頭的發射藥，也就是火藥

＊51　從藥室至槍口讓彈頭通過的圓筒部位

＊52　裝填裝藥的殼體

圖13 適當槍管長

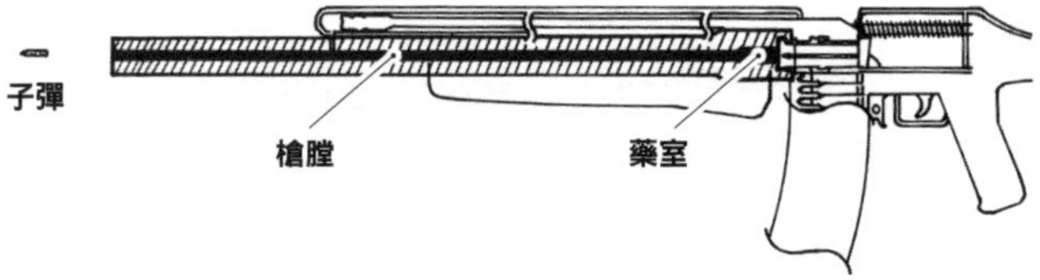

發射氣體會在槍膛內完全燃燒

程的設計。

因此這樣的槍管長度對於5.56㎜NATO第2標準彈藥而言，就是適當槍管長。若槍管長度比這還短，就無法發揮彈藥原本具備的性能。

常聽到有人提出「在城鎮戰的室內或野戰的塹壕內這種限制空間戰鬥時，為了方便槍枝靈活操作，希望把槍管改短」這樣的要求。要將槍枝全長縮短，槍托這端為了貼腮，必須保留一定長度，因此只能切短槍管。然而，若以切短槍管的方式縮短槍枝全長，則會顯著導致步槍射擊性能變差。

圖14 槍管過短的缺點

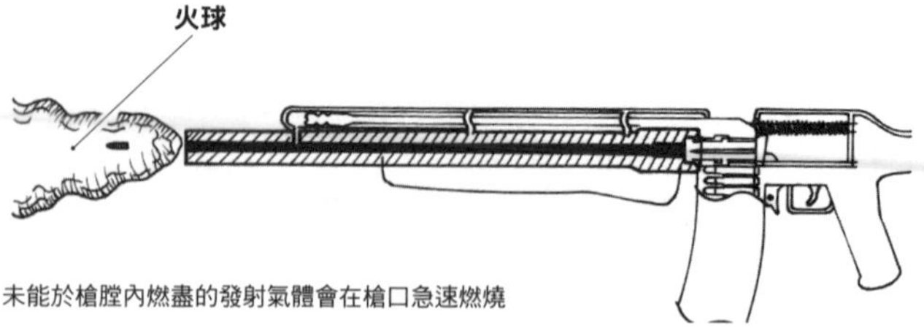

未能於槍膛內燃盡的發射氣體會在槍口急速燃燒

切短槍管的缺點，在於可供發射氣體燃燒的空間因此變小。未能燃盡的發射氣體，會在彈頭飛出槍口後，於槍口附近形成火焰，產生耀眼的「火球」。槍管越短，這種火球就會越大，有時甚至會大到連避火罩(*53)都無法消除(圖14)。

越戰當時，美軍為了方便在叢林內用槍，曾把M16步槍的槍管切到很短。由於槍管切掉了20cm，導致射擊時產生的巨大火球致使射手目眩，因而無法瞄準。為了消除槍口焰，最後只能在槍口裝上長度超過10cm的避火罩。雖然避火罩能夠消除槍口焰，但由於其內部並無膛線(*54)，因此不具

*53 裝在槍管前端，消除開槍時槍口焰的一種裝置，主要配備於軍用槍械

*54 為了增加彈頭的直進性，要對其加上旋轉運動，為此於槍管內部刻上螺旋狀溝槽，也稱為來復線

備提高射擊精準度的功能。結果即便切短20cm的槍管，全長也只縮短10cm左右，且將槍管長度多維持10cm，應該至少還能保住射擊精準度。

如以上所述，若將槍管長度縮短，比起發射氣體與槍管長的關係，膛線與槍管長的關係更會顯著影響命中精準度。再說一次，對於5.56mm NATO第2標準彈藥而言，20吋（50.8cm）槍管長才是能讓發射藥完全燃燒，達到600m最大有效射程的設計。為了讓這樣的槍管長度發揮最大命中精準度，必須將膛線纏度的傾角設定為6條右旋(*55)、7吋（17.8cm）1轉。如此一來，彈頭從藥室到槍口就會轉3圈，於600m最大有效射程發揮最高射擊精準度（圖15）。

因為這樣的關係，若把槍管長度截短，自然也就會影響到彈頭飛行的穩定性。然而，以越南叢林的交戰間距來說，若敵人沒穿防彈背心，彈頭越不穩定，殺傷力反而會越強，因此並不構成問題。在槍管長度不夠時，彈頭的彈道就不甚穩定，會如圖16那樣，在飛行時產生擺動，使彈頭並非以前端刺

＊55　刻於槍管內部的螺旋狀溝槽有6條，可讓彈頭順時針方向旋轉

入目標，而是以側腹敲擊目標的方式命中。這會稱為橫轉彈，雖然橫轉彈對人體的殺傷力頗大，但卻幾乎沒有貫穿力，命中精準度也很差勁。

那麼，對於5.56㎜ NATO第2標準彈藥而言最實用的短槍管，長度到底是多少呢？從射擊實績來看，14吋（35.6㎝）左右應是最佳長度。由於適當膛線纏度為7吋1轉，因此可以得知若不讓彈頭旋轉2圈，就無法發揮實用性能。若槍管切到比這還短，就會發生前面提到的槍管過短所帶來之缺點。

常有人問說是否能寄望將來的研製技術，讓短於14吋的槍管也能比照全尺寸20吋槍管發揮同等命中精準度與威力，答案是可能性相當低。原因在於只要以火藥發射氣體推動彈頭的槍械構造與使用5.56㎜ NATO第2標準彈藥的條件不變，就得藉由適當膛線纏度讓彈頭飛出槍口之前至少轉2圈。

諸多國家已經體認到切短槍管並不利於提升槍枝操作性，因此目前會改為採用小牛頭犬式構型，或讓槍枝全長維持在適當槍管長度，藉由改善瞄準

圖15 適當膛線纏度

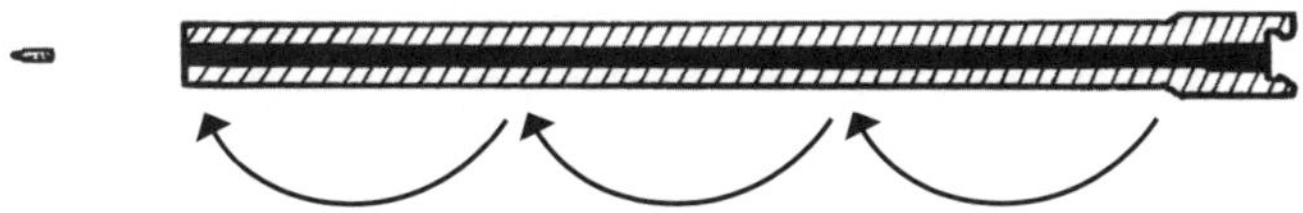

為了讓彈頭的飛行彈道獲得最大穩定度，在彈頭飛出槍口之前必須於槍管內部旋轉3圈

圖16 彈頭旋轉不足的缺點

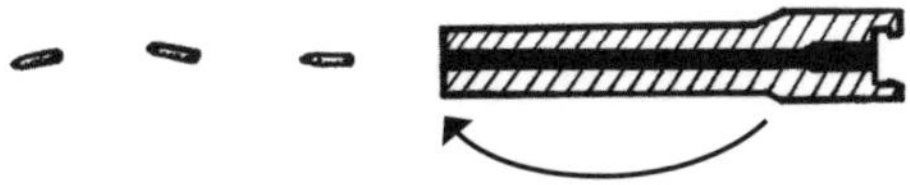

若槍管長度不足，彈頭就無法進行充分旋轉，致使彈頭飛行彈道陷入不穩

具與精進槍枝操作法的方式，彌補用槍靈活度的問題。

反之，槍管過長，對於槍枝性能來說其實也沒什麼好處。若槍管長度超乎必要，彈頭通過槍膛時的多餘阻力就會造成負面影響，且也會使整把槍的重量變重，導致操作性變差（圖17）。

雖然步槍的性能是要講求讓子彈威力與射擊精準度達到最大發揮，但若步槍過長過重，也會對戰鬥行動的敏捷性造成阻礙。

為了因應部隊在戰鬥行動上的需求，槍管長度就必須在威力／精準度與操作性這兩項背道而馳的條件上採取折衷。威力／精準度與操作性，兩者必須相互權衡。

一旦戰鬥間距超過400m，步槍子彈的口徑就得放大到7.62㎜，並且廢除刺刀，使步槍設計急遽變化。

以上所述可歸納入下：

圖17 槍管過長的缺點

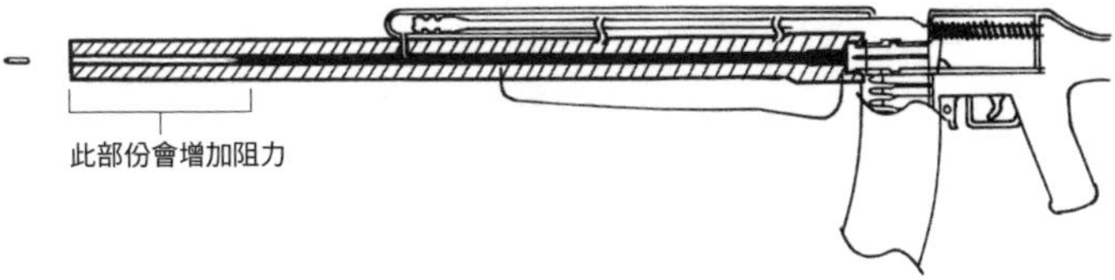

◎槍管長度是基於使用彈藥設計而成，藉由適當槍管長度，可以達到最大射程與精準度。

◎若是縮短槍管會使槍口焰變大，不利於瞄準。

◎為了讓彈藥性能得到最大發揮，必須備齊適當槍管長與適當膛線纏度這2個發射條件。

◎若把槍管切得太短，就會使命中精準度與貫穿力變得極差。

◎讓5・56㎜高速NATO彈足以發揮功能的最短槍管長為14吋（35・6㎝），若槍管短於此長度，就會失去槍枝應有的功能。

◎對於槍枝性能而言，槍管長度也並非越長越好。

關於步槍的族系化

「槍管越長，威力也就越強，還能增加射程」、「槍管可以任意縮短」，類似的說法很常聽見，但卻都錯得離譜。

槍管長度能調節的幅度意外地小，若想增加威力與射程，則須加大步槍口徑。既然無法縮短槍管長度，那就只能改採小牛頭犬式構型，或是改善瞄準具與操作法，步槍因此朝向族系化方向發展。

德國黑克勒&科赫公司的HK416、HK417(*56)與比利時FN埃

*56 德國黑克勒&科赫公司研製的自動步槍。HK416為口徑5・56㎜、HK417為口徑7・62㎜，皆於2000年代開始運用

斯塔勒的ＳＣＡＲ(＊57)系列，由於具有共通構造，因此不須經過特別訓練便能立刻上手。Ｍ16系列的Ａ４與騎兵槍Ｍ４(＊58)之所以能繼續成為美軍的制式步槍，就是因為它們有持續改善，槍管分為最大射程用的20吋、近接戰鬥用的14吋，以及減音器用的10吋，各自也能於上機匣(＊59)加裝相應的光學瞄準具，發展成一個族系。

由於槍管與光學瞄準具都會先由後方部隊完成調整才送往前線，因此射手只要稍加試射，便能選擇長度合適的槍管遂行任務。ＳＣＡＲ系列之所以沒能成功，就是因為它的瞄準具是與槍合在一起，因而無法更換槍管。

話說回來，２０１９年12月６日防衛省公佈選定作為新型步槍的ＨＯＷＡ ５.56（豐和工業製），其實是ＳＣＡＲ的仿製品，它的運用思想一如前述，已經落後世界最新步槍一個世代。我從著手挑選新型步槍的時候（２０１２年）開始，便反對選用ＨＯＷＡ ５.56，以免重蹈ＳＣＡＲ系列的失敗覆轍。世界選擇的是當時列為候補的ＨＫ４１６，因為ＨＫ４１６

＊57　比利時的ＦＮ埃斯塔勒為美國特種作戰群研製的自動步槍系列。口徑與槍管長度有各種版本

＊58　美國柯特公司製造，為美軍採用的突擊卡賓槍。將Ｍ16Ａ２的槍管長度縮短，並把槍托改成伸縮式的衍生型。口徑為５.56㎜，使用彈藥為５.56×45㎜ＮＡＴＯ彈

＊59　步槍的上半部框體，用來瞄準、發射子彈的部份，結構用以容納瞄準具、藥室、槍管

系列連同加裝於上機匣的光學瞄準具，可構成一整個族系。這次選擇新步槍的錯誤，想必會對陸上自衛隊的戰力整備造成相當嚴重的負面影響。

第3章

子彈與步槍的趨勢

減音器的必要性

照井　步槍用彈藥並非以新、舊來決定優劣，而是由使用實績與累積的彈道數據取決其性能。7．62㎜彈的前身為.30－06春田彈(＊60)，自1903年以來，已有110年以上的使用歷史，因而累積相當龐大的實射數據。有鑑於此，它就比1964年以來僅使用50年左右的5．56㎜彈更為有利。一旦累積大量資料，在電腦計算相當發達的今日，便能透過電腦去分析處理這些數據資料，為新設計做出貢獻。除此之外，就是7．62㎜彈的體積單純較大，因而能夠加入各種技術。

另外，以歷史角度來看，7．62㎜在進入本世紀後，其優勢也再度顯現。曾有一個時期，為了取代5．56㎜彈，研究過6㎜彈、6.5㎜彈等新規格彈藥，但由於改變彈藥口徑與規格，除了槍枝本體之外，就連彈匣與各種攜行裝備都得隨之調整。再加上實射數據的累積資料不多，因此最後並未將新規

＊60　1900年代初期由美國陸軍研製、規格化的彈藥。目前仍為競賽常用的子彈，各主要廠商都有生產

格彈藥採用為標準彈藥。

二見　前面的章節有提到槍口火球，目前陸上自衛隊完全沒有使用減音器[*61]，請問減音器實際上真的能夠發揮效用嗎？

照井　減音器這項裝備，在日本依法不能用於狩獵，因此多會給人帶來一種只有暗殺者等壞人才會使用、最好不要持有的刻板印象。反之，在德國進行夜間狩獵時，卻有裝上減音器的義務。像鹿這種夜行性動物在夜間比較容易打到，但槍聲也算是一種噪音（日本則規定日落後至日出前禁止出於狩獵目的開槍）。

如此一來，對於減音器的看法也就會產生差異。所謂減音器，其實是一種抑制裝置。它不只能夠抑制聲音，也能抑制火光，這對現代戰鬥而言非常具有實用性。能夠消除開槍時的發射聲響非常有用，但現在也已出現能透過偵測彈頭飛行時產生的震波聲響來反推計算射擊位置的探測裝置，並有辦法配發給所有官兵，因此消除槍聲已經不太有用了。

＊61　裝於槍口，用來減低發射聲響的裝置

然而，能夠消除槍口火光，卻仍舊非常有效，因為火光實在是非常醒目。以前夜視裝置還沒有那麼發達，因此戰鬥其實多在白天進行，而在白天開槍，槍口焰就幾乎不會造成影響。如今夜視裝置已相當發達，導致夜間戰鬥的頻率甚至超過白天，一旦槍口焰被看見，便會立刻暴露自己的所在位置，造成的影響相當大。

二見　除此之外，也想問一下減音器的優點與它和槍管長度的關係。

照井　由於發射氣體會在減音器的內部空間進行燃燒，因此也能賦予彈頭若干推進力。加裝減音器，射程便能多少延伸。

正確來說，槍管是基於減音器與專用彈藥（次音速彈(*62)）進行設計，因此槍管長度極短的槍械在加裝減音器時，才是能夠發揮最大射程與最大射擊精準度的構造（圖18）。其原理就好比是汽車引擎若不裝上合適的消音器，不僅無法降低排氣噪音，引擎也無法發揮原本的燃燒性能。

若要說明膛線纏度與減音器的關係，減音器專用彈藥（次音速彈）發射

---

*62　不讓飛行速度超過音速以致產生震波噪音的減裝藥彈

圖18 減音器與槍管長度的關係

尚未燃燒殆盡的發射氣體會在減音器內的減壓空間裡完全燃燒

時產生的氣體燃燒音會在減音器內部空間減弱，發射藥會使彈頭速度降至無法超越音速，因此彈頭飛行之際就不會產生震波噪音。減音器專用彈藥（次音速彈）由於是減裝彈，因此射程較短，飛行速度也比較慢。有鑑於此，在彈頭飛出槍口之前，只要讓它旋轉1圈半便足以維持彈道穩定。

二見　子彈不會發出飛行噪音，這點真的相當具有威脅性。在採取作戰行動時，必須以敵人會使用這類武器作為前提來思考才行呢。

照井　於10吋（25・4㎝）槍管加裝減音

器的步槍全長，會與使用14吋槍管的步槍幾乎一致，理由在於不讓加裝減音器影響到步槍的操作性。把槍管截掉相當於減音器的長度，便能使士兵在操作步槍時不至於出現感覺差異。若敵人使用的步槍是槍管很短的構型，那就會是以使用減音器作為前提，必須考量其優點、缺點加以應處才行。此時要設想對方是無法透過儀器探測射擊位置，難以對付的強敵。

〈減音器的優點〉

◎可欺騙、隱匿射擊位置與方向。

◎不需穿戴耳部保護裝備。

◎即便在室內射擊，槍聲也不會反彈，能比照野戰音量指揮部隊。

〈減音器的缺點〉

◎有效射程較短（使用次音速彈時）。

◎無法連發。

日本的5．56㎜彈等級

二見 在戰鬥訓練時，槍口火球與煙都是找出射擊位置的關鍵。火球即使在白天也很顯眼，若是在夜間，火球本身就會成為射擊目標。除了這些之外，在彈道特性當中，還有什麼基本條件是必須掌握的嗎？

照井 子彈都是呈拋物線飛行，在400m以內高度不會超過人頭，但現在就連5．56㎜彈的射程都已延伸至700m。如此一來，若像AASAM那樣以450m以上的距離作為交戰前提相互射擊，因為子彈是以拋物線飛行的緣故，即便瞄準胸部等致命部位開火，子彈也會飛越頭頂。如此一來，就很容易發生過度修正重力影響子彈落下的狀況。也就是說，因為誤判射擊距離的關係，槍口會容易過度上揚。若射擊距離在400m以內，彈道就不會超過人的身高，因此只要瞄準腳部射擊，子彈便可擊中身體的某處。若交戰距離超過400m，戰鬥方式便會隨之改變。

二見　可以再講詳細一點嗎？

照井　目前單兵持用的5.56㎜步槍，在450m外的集彈率也能全部打進20㎝見方的板子。比起像自衛隊採用的300m以內射擊，以更遠的距離對峙開火，更能保障自己的安全，這樣的做法已逐漸成為主流。若射擊距離超過400m，光靠準星(*63)根本無法看見目標，因此最近的槍械都必須加裝6倍光學瞄準具。

還有就是若瞄準頭部，基於彈道特性，子彈就會飛越頭頂，因此最近特別會瞄準骨盆處。如今已是一開火就會馬上暴露自身位置的時代，因此若瞄準頭部或胸部，讓子彈飛過頭的話，就無法1發撂倒敵人。但若瞄準骨盆位置，就有機會打中胸部或頭部，僅僅1發就能讓敵人倒地，因此現在常會改為瞄準骨盆。

二見　原來是要瞄準骨盆啊，光學瞄準具的重要性也越來越大了呢。若以

＊63　槍械的瞄準具。位於槍口端的凸型稱為準星，位於後方的凹型稱為照門

5・56㎜在450m的距離射擊，要使用拉普系統的子彈嗎？使用普通子彈應該很勉強吧。

照井 只是普通子彈的說。

二見 真的假的！

照井 真的，只要普通子彈就能打了。若是像．338拉普・麥格農彈，由於它的尺寸介於50口徑彈與7・62㎜的.30－06彈之間，因此直進性相當良好，300m的彈道差僅為23㎝左右。因為這樣的關係，若要在短期間內培訓狙擊手，這就是最簡單的子槍。只要能將瞄準鏡的十字絲對準目標並且開火，子彈便會命中瞄準點。這能縮短訓練時數，可謂相當重要。

二見 原來如此。

照井 然而，5・56㎜與7・62㎜就不是這麼一回事，必須得透過瞄準具進行計算才能開槍。但由於要培訓一位步兵到如此水準，必須耗費相當勞力，所以才會變成「總之就瞄骨盆」。只要運氣夠好，就能命中目標。由於打到的是防彈背心也無法完全防護的部位，因此能夠有效剝奪敵人的戰鬥力。即便搞錯距離，也能打到上半身的某處，進而削弱其戰鬥力，這種訓練方式相當簡單。

二見　還有一件事想再確認一下，89式步槍的5．56㎜彈在超過300m之後，破壞力應該就會降低，但現在已有其他國家做出破壞力不會減弱的5．56㎜彈，這樣的理解是否正確？

照井　一如前述，子彈使用的火藥會以彈殼到槍口的距離進行縝密設定，因此目前已能把射程延伸至700m。由於海外槍廠都有競爭對手，實際將槍用於戰爭，也就迫使廠商之間激烈競爭。然而，日本自製的槍械卻不會做到如此地步，且子彈也不會用於狩獵，因此日本的5．56㎜彈就世界眼光來看，進步可說是相當遲緩，甚至可能還未能脫離越戰範圍。

二見　原來如此，其他還有什麼重要的事項嗎？

何謂經濟效益較高的槍彈

照井　由於戰爭並非取決於槍，而是取決於子彈，因此必須重視子彈的經濟效益才行。人們總會覺得小型彈藥的材料費比較便宜，比較經濟實惠，可備齊較多數量。但由於現今彈藥已是精密工業產品，要做得比較小，就必須用上許多昂貴技術，因此反而是生產小型彈藥比較花錢。若技術成本比較便宜，在大量生產時就會產生顯著效果。就這方面而言，7．62㎜彈不僅是在狩獵與競賽領域廣泛使用的口徑，除了軍方之外，在民間也有龐大市場，這點對日本來說也是一樣。

若使用的是在國內廣為流通的彈藥，就可以減少為戰爭儲備的彈藥數量，萬一真的爆發戰爭而陷入彈藥見底的狀態，也能從民間市場蒐羅彈藥，以此繼續打仗。從這點來看，諸外國全軍配發的制式步槍都會趨向於使用國內共通彈藥，僅針對粉碎型彈頭(＊64)與加裝減音器時使用的次音速彈等只有

＊64　命中堅硬物體時會粉碎的特種彈頭，可有效抑制因跳彈或貫穿彈等帶來的2次傷害

軍隊會使用的特殊彈藥進行集中研製與管理。

依據日本的槍刀法，一般人不得持有口徑10㎜以上、6㎜以下的步槍，因此若要在國內共用步槍彈藥，口徑就只能挑7．62㎜了。如果想要有效抑制彈藥單價，可以採用讓軍方負擔所有研發費用的方法。由於7．62㎜步槍子彈廣泛用於軍事、警察、射擊競技、狩獵等各種領域，通用性相當高，因此在這方面極為有利。

二見　有想過採用海外已經研發完成的子彈嗎？

照井　7．62㎜步槍子彈的種類是5．56㎜步槍彈的10倍以上，7．62㎜步槍子彈不僅是世界上最多功能的口徑，且每年市面上還會持續推出加入各種新技術的7．62㎜步槍子彈。除了粉碎彈等特殊彈頭之外，其實沒有必要獨自研發彈頭，只要依據目的選購子彈即可，能藉此降低研製費用。

7．62㎜步槍子彈如今已可說是充斥COTS品(＊65)，就這點來說，7．62㎜彈的經濟效益也大幅優於5．56㎜彈。它不僅能夠配合民間共同研發新功

＊65　Commercial off-the-shelf，商業現貨。在軍事上對武器配備能夠發揮效用的產品，採用可供販售或租用的軟體、硬體現貨，或由商規用品提供授權，便能削減研製經費與時間

能，也能抑制研製成本，對於緊急狀況增產體制、補給體制的整備也頗為有利，這對日本來說效果特別顯著。

使用彈藥的種類

照井　如果不弄清楚使用彈藥的來龍去脈，那麼就會在未來的100年都搞錯陸上作戰的發展方向。關於5.56㎜彈，若認為它是在交戰距離300m內殺傷力較弱、只是用來打傷人的子彈，以及穿上防彈背心就沒問題、不需要戰鬥醫療的話，就是相當致命的誤解。一如前述，5.56㎜彈的殺傷力其實遠高於7.62㎜彈，與64式步槍(*66)的時代相比，子彈交相飛馳的密度還高達5倍，因此會讓交戰距離300m成為「死亡間距」，這種認知差距不可謂不大。

另外，若沒有對7.62㎜彈有多一點了解，就不會知道現在陸上自衛隊沒有配備7.62㎜機槍，對於防衛而言是多麼嚴重的問題。

＊66　自衛隊1964年採用的豐和工業製步槍，目前已停產，口徑為7.62㎜

目前陸自在地面戰鬥可說是處於相當危險的狀態，關於5・56㎜彈與7・62㎜彈，弄清楚其真正特性至關重要。對於將來可能會直接面對的敵人，必須要先搞清楚他們使用的是何種彈藥，然後再依此去思量陸自應該配備怎樣的彈藥，才有辦法加以應處。這對實際交火的步槍小隊、分隊等肩負近距離戰鬥重任的部隊而言，是研擬戰術時相當重要的條件。除此之外，先一步進行研究，以及對技術發展性、經濟效益等面向，還有補給與教育方面也都應該納入考察範圍。

二見　這聽起來很重要，可以再多講一點嗎。

照井　那就來講個過去的教訓吧。之前的大戰，日本就是因為增加了子彈的種類，所以才打了敗仗，這可不能重蹈覆轍。日本陸軍對於步槍、輕機槍、重機槍這3種武器，必須生產、補給4種彈藥。

之所以會陷入這種狀況，是因為當時日本並未正確掌握列國步槍、機槍的威力與運用，等到真的開戰時，才知道自己手上的步槍、機槍威力不足，然後被迫緊急研製彈藥與步槍、機槍。在提升彈藥威力方面，由於是逐步升級，因而導致種類增加。除此之外，陸軍與海軍的彈藥也不具互換性，不僅對前線的彈藥補給始終構成問題，即便意圖統一新型輕兵器與彈藥，也因為國力的關係而無法如願。

由於步槍、機槍在第1次世界大戰時期便已急速進化，若當時的情報能在日本廣為周知，對於日本該如何結束戰爭，應該可以多少變得比較有利。當時作為對手的美軍，僅靠45口徑手槍彈、7.62mm步槍彈「.30-06」、.50口徑重機槍彈這3種彈藥就打遍整場戰爭，這讓補給變得相當單純。雖然步兵軍官、空降部隊等也有使用發射.30卡賓彈（7.62×33mm彈）的騎兵槍與M1卡賓槍（後來進化為M2卡賓槍，為目前M4卡賓槍的源流），但由於當時卡賓槍並非美軍的標準步兵裝備，因此卡賓彈就有如發射槍榴彈的空包彈(*67)，被列入消費數量較少的特殊彈藥，對於補給系統而言，並不屬於大量消費、大量補給的範疇。

*67　裝在槍口上發射的榴彈，陸上自衛隊配備的是由大金工業製造的06式槍榴彈

二見　由於師團的必要物資有將近90％都是彈藥，其重要性因此可見一斑。美軍連燃料的種類也都很單純。

照井　就日本而言，因為有7、8種，因此生產與補給都會跟不上腳步。除此之外，子彈也各有其彈道特性，要把士兵全部教會，讓他們能夠發揮戰鬥力，就必須把每種子彈全部都講過一遍，讓他們能通通掌握才行。不論什麼事情，都要講究簡明、簡單。不得增加彈藥種類，這對世界各國軍隊而言都是鐵則。

有鑑於此，當美國決定增加1種彈藥時，那就會是個相當重要的決定，背後一定有其意義。像是把手槍彈改成9㎜，就是為了增加彈匣容量。把這加上5.56㎜、7.62㎜以及50口徑子彈，就幾乎是西方諸國僅有的4種彈藥，另外就是40㎜槍榴彈。40㎜槍榴彈尚處於研發途中，因此就算是美軍，單發式M203[*68]的40×46㎜與自動式MK.19[*69]的40×53㎜也不具互換性，兩者用的是不同規格彈藥。雖然它的直徑有40㎜那麼大，但使用的發射藥量卻

＊68　主要加裝於M16突擊步槍與M4卡賓槍管下方的40㎜榴彈發射器。若加裝手槍型握把、槍托、瞄準具，本身也能單獨使用。彈藥為40×46㎜榴彈

＊69　美國薩柯防務公司研製的彈鏈給彈式榴彈機槍。彈藥為40×53㎜榴彈

與9mm手槍彈差不多，只要燃燒那麼一點火藥就能推動榴彈飛行。雖然單發式與自動式在構造上就互不相同，兩者不能混為一談，但到世界各地的防衛展去採訪之後，會發現自動式40mm榴彈的規格已逐漸趨於統合。除了狙擊槍等特殊槍械之外，彈藥走向統合的傾向可謂相當顯著。

二見　原來如此。

照井　這5種子彈可說是步兵用彈藥的基本配備，不會任意增加種類。日本若繼續採用世界已經廢除的套筒式槍榴彈，以及兩種不同規格的40mm槍榴彈，勢必又會步上同樣的失敗。然而，步槍小隊其實只要配備手槍子彈與5・56mm彈就很夠用，為何每個分隊又開始至少配賦1挺7・62mm步槍，背後應該有其意義。7・62mm彈的缺點在於後座力大於5・56mm彈，且每發彈藥的尺寸與重量也比較大，但近年顯著進步的彈頭加工技術、針對光學瞄準具與槍口制退器(＊70)的改良，以及加裝緩衝器(＊71)等提升槍械發射子彈的技術，都能彌補7・62mm彈的缺點。接下來就要進一步談談這方面的事情。

＊70　裝於槍口，可承受彈頭發射時的氣體，把槍往前帶動，並讓氣體朝上噴射，抑制槍口上揚的裝置

＊71　設置於槍托內部，可緩衝子彈發射時的後座力

5.56㎜彈的極限

SOFEX 2018、EUROSATORY 2018、AAD 2018，這些主要防衛展都是諸外國槍廠發表步槍等產品的舞台，且每種槍型都會推出5.56㎜與7.62㎜兩種口徑。於此同時，這些槍廠也會基於實射驗證資料來宣傳5.56㎜彈的改良型可以發揮等同於7.62㎜彈的性能。

然而，若5.56㎜彈真的能與7.62㎜彈發揮近乎同等的性能，那應該就不需要配備兩種口徑的槍型了。另外，在美國及NATO諸國，即便越戰以後的制式步槍都幾乎改成小口徑，但步槍排等級的戰鬥單位卻依舊沒有捨棄7.62㎜口徑的槍械。最近的步槍班，都會開始傾向配備可射擊全尺寸7.62㎜彈的新種槍械「戰鬥步槍」。

包含中國在內，使用前蘇聯系武器的各國，曾一度將步槍與班用機槍的彈藥統一為5.45㎜彈(*72)或7.62㎜短彈(*73)，機槍彈藥則持續使用與半自動狙擊槍

---

*72　1970年代初期由蘇聯研製的小口徑高速彈（5.45x39㎜）

*73　雖然口徑同為7.62㎜，但AK47使用的彈藥是彈殼較短的減裝彈（7.62x39㎜）。德拉古諾夫狙擊槍與機槍則是選擇使用威力比7.62㎜NATO彈還強的7.62x54㎜R（Rimmed）步槍子彈

圖19 NATO標準彈藥比較圖（實際尺寸）

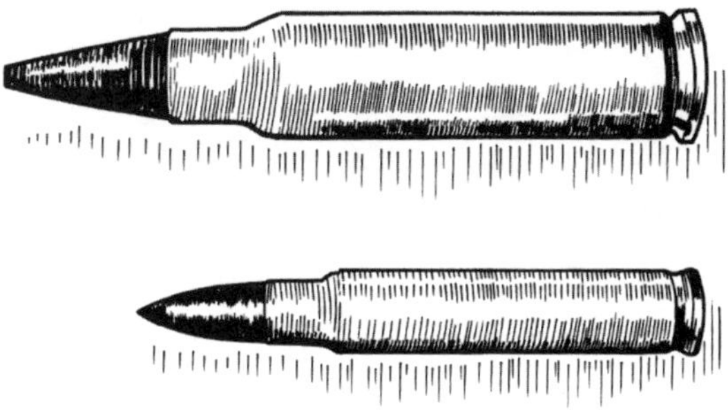

一樣的7·62㎜全尺寸彈(*74)。前東西方陣營的步槍排，都不曾放棄使用全尺寸彈，只有日本的自衛隊自廢武功。

這對日本的陸上戰力而言，是個相當嚴重的危機。若持續放任不管，隊員在看到敵蹤之前就有可能會被全殲。為了明瞭實際真相，就必須加深理解7·62㎜彈與5·56㎜彈的實力才行。分析海外對防彈材料的實射測試公開資料，可以得到以下資訊。

NATO標準彈的5·56㎜彈與7·62㎜彈如圖19，兩者尺寸明顯不同。在考察5·56㎜彈與7·62㎜彈性

---

*74 7·62㎜口徑的未縮短子彈（例如.30-06春田彈、7·62×54㎜R彈、7·62×51㎜NATO彈等）

能差異之際，首先要認知這兩種口徑子彈在物理上的大小差距。

雖然也有實驗結果顯示，5·56㎜彈仍有辦法發揮等同於7·62㎜彈的貫穿力，但那幾乎都是實驗用的5·56㎜彈，彈芯是以堅硬鋼鐵製成，也就是所謂的「穿甲彈」(*75)。而其比較對象，則是7·62㎜的普通彈。若施以同樣改良，口徑較大的7·62㎜彈性能當然會凌駕於5·56㎜彈。若是比較5·56㎜高威力彈與7·62㎜穿甲彈，7·62㎜彈的優勢顯然遠遠超過改良過的5·56㎜彈。

另外，子彈的性能也不是只看貫穿力，動能的差距才是子彈性能的真正差異。以彈頭帶有的動能透過堅硬彈芯針對一點碰撞即是「貫穿力」，但若彈頭在命中時會開花，便不會直接貫穿目標物，而是將動能轉換為「衝擊力」。如果是打防彈玻璃，比起貫穿，以衝擊力造成大面積龜裂，才更能發揮妨礙視線的效果。有鑑於此，子彈並不是能夠貫穿裝甲或防彈衣就是所謂性能良好。

---

*75 為貫穿裝甲而設計的彈藥總稱，分為彈體硬度、質量較大的貫穿型，以及減輕彈體重量，藉此提高速度的動能貫穿型

圖20 NATO標準彈藥動能比較圖

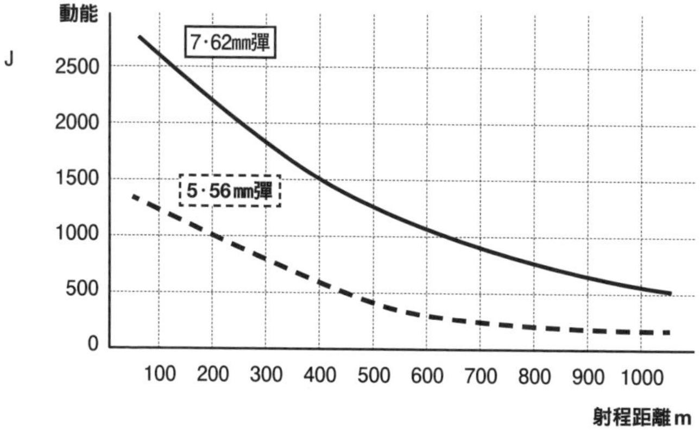

由於子彈帶有的動能會依據目的進行變換，因此也必須考量動能本身的大小，參照「NATO標準彈藥動能比較圖」（圖20）的曲線就能一目了然。圖表中的實線為7．62㎜彈，虛線為5．56㎜彈。7．62㎜彈的動能在射擊距離100m左右是5．56㎜彈的約2倍，1000m左右則是約3倍。

彈頭動能與彈頭質量、彈頭飛行速度之間的關係，會按照牛頓力學呈現，物體動能會與物體質量和速度平方成比例。若以速度 v 飛行、質量 m 的子彈動能為K，則K $= mv^2/2$。圖表上的彈頭重量為7·62㎜彈9.3g、5·56㎜彈4.0g。依據上述公式，可以得知若想將5·56㎜彈的動能提升至等同於7·62㎜彈，有以下兩種方法。

◎將彈頭重量加大到與7·62㎜彈（9.3g）同等。

◎將彈速提升至1200m/s。

首先，將5·56㎜彈的彈頭重量（4.0g）加重的方法，若使用相同材質要加重到9.3g，就得像圖21那樣，將彈頭長度延長約2倍。若彈頭長度過長，與槍膛的摩擦就會變大，進而無法發揮功能，因此若要以延長彈頭的方式增加重量，頂多到1.5倍左右應該就是極限。

接著則是以提高彈速的方式讓動能得以接近7·62㎜彈，按照圖20

圖21 彈頭加長的缺點

若彈頭長度過於延長，與槍膛的摩擦就會變大，使其無法發揮功能

的曲線，7・62㎜彈的槍口初速為848m/s，5・56㎜彈的槍口初速為940m/s。為了以彈速來彌補彈頭重量，5・56㎜彈的彈速就必須提高至1200m/s。然而，容納發射藥的彈殼尺寸受限於口徑，若提高發射藥的爆發力，槍枝結構也無法承受過高的壓力，頂多提升至1000m/s左右應該就是極限。

5・56㎜NATO第2標準彈藥之所以被稱作「5・56㎜高速NATO彈」，就是因為5・56㎜彈的彈速比較快，藉此發揮與7・62㎜彈相近的性能，但這也僅限於交戰距離300m以內。即便再怎麼下工夫，要讓5．56㎜彈發揮出等同於7．62㎜彈的性能都是不可能的事情。5．56㎜彈與7．62㎜彈在動能方面具有絕對差距，兩者性能根本無法等量齊觀。若把施加於5．56㎜彈的改良應用於7．62㎜彈，其基礎能力便能使性能提升至5．56㎜彈的數倍，發展潛力不能等而論之。

動能轉換面上的比較

槍只是子彈的發射裝置，帶來破壞力的其實是彈頭。現代戰鬥使用的彈頭有加入各種設計巧思，可配合目的將動能做轉換，藉此有效摧毀目標。其效果可以分成貫穿效果、衝擊效果、燒夷效果3種，而5．56㎜彈與7．62㎜彈的有效性，可相互比較如下。

【貫穿效果】

使用堅硬彈芯，將動能轉換為貫穿力。由於彈芯越粗，強度就越能耐受貫穿，因此7・62㎜彈會比較有利。由於現代戰鬥使用的車輛多會加上裝甲，且個人用複合護甲也越來越發達，因此提高貫穿能力也成為一個重要考量要素。

【衝擊效果】

一如前面提到的「剝香蕉功能」，彈頭構造設計成命中後會開花，藉此將動能轉換為衝擊力。這種彈頭不論命中人體哪個部位，效果都會很顯著，因此利於對人戰鬥。在口徑比較方面，7・62㎜彈的彈頭會比較容易進行加工。由於命中時讓彈頭開花的構造並不會露出鉛質彈芯，因此並不牴觸「關於禁用達姆彈的海牙公約（1899年7月）」。

【燒夷效果】

彈頭內裝有燒夷劑，命中後會讓目標物起火燃燒。在口徑比較方面，7・62㎜彈可填充的燒夷劑量比5・56㎜彈來得多，因此較為有利。彈頭帶有的動能會變換為各種形態，此為現代戰鬥的特徵。

從這些動向可以看出，在子彈具備的3種效果當中，原始動能大上數倍、可加進各種功能的容量也比較大的7・62㎜彈明顯較為有利。

動能與貫穿力的關聯

【考察貫穿效果的前提】

就彈頭的貫穿效果特性來看，彈頭在擊中像抗彈板這種堅硬物體時，其旋轉越穩定，貫穿能力就越強。有鑑於此，子彈就必須像圖22那樣，從槍口飛出一定程度的距離才行。並不是越靠近目標，貫穿力就越高。

防彈背心的抗彈能力有分規格等級，以NIJ規格來說，抗彈等級Ⅲ

圖22 5·56㎜ NATO彈的動能與貫穿力關係圖

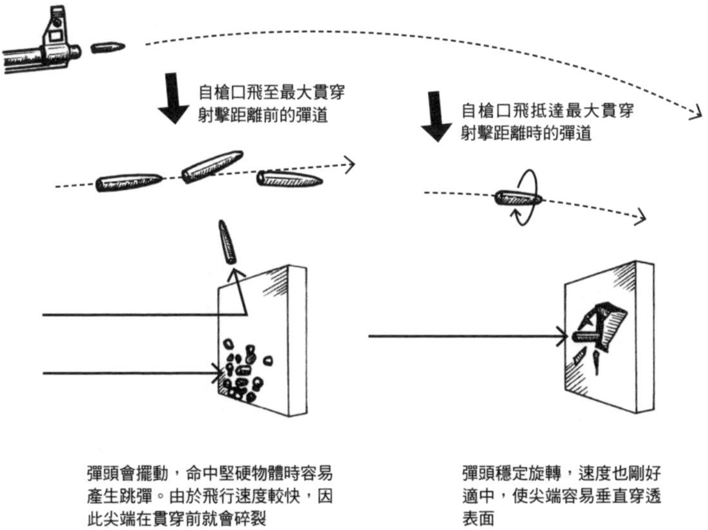
自槍口飛至最大貫穿
射擊距離前的彈道
自槍口飛抵達最大貫穿
射擊距離時的彈道
彈頭會擺動，命中堅硬物體時容易
產生跳彈。由於飛行速度較快，因
此尖端在貫穿前就會碎裂
彈頭穩定旋轉，速度也剛好
適中，使尖端容易垂直穿透
表面

可以抵擋7・62㎜彈，但這卻是在彈頭旋轉尚不穩定的15m射擊距離時的抗彈能力。NIJ（National Institute of Justice）是美國國家司法研究院制定的規格，之所以會以至近距離射擊來訂定，是因為要以保護警官作為基準。至於在戰爭中的抗彈性能，則須以軍隊自己訂定的基準（例如美軍的MIL規格）來評估。

【貫穿效果的比較】

把NATO標準彈藥動能比較圖表中5・56㎜彈與7・62㎜彈的貫穿能力曲線疊起來看，就會像圖23、24那樣。貫穿能力只是參考值，實際上會依彈藥與抗彈材料而有很大差異。7・62㎜彈若在短於最大貫穿距離之處命中抗彈板，就算無法貫穿，也能恃其較大動能造成相當衝擊力，藉此剝奪敵人的戰鬥能力。

對於軟質護甲的可貫穿距離，會與動能成比例；射擊距離越近，貫穿

圖23 7·62㎜ NATO彈的動能與貫穿力關係圖

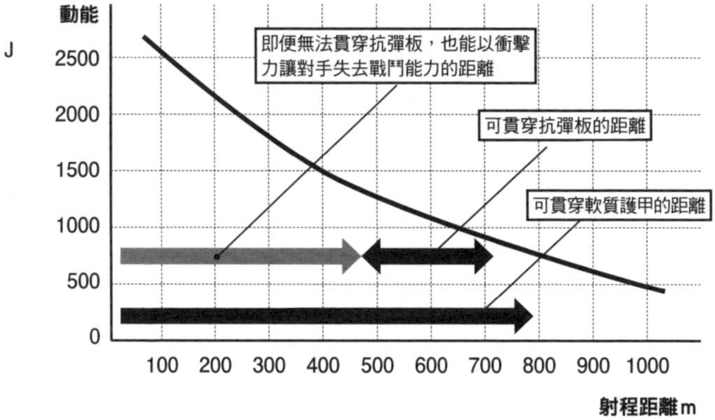

圖24 5·56㎜ NATO 彈的動能與貫穿力關係圖

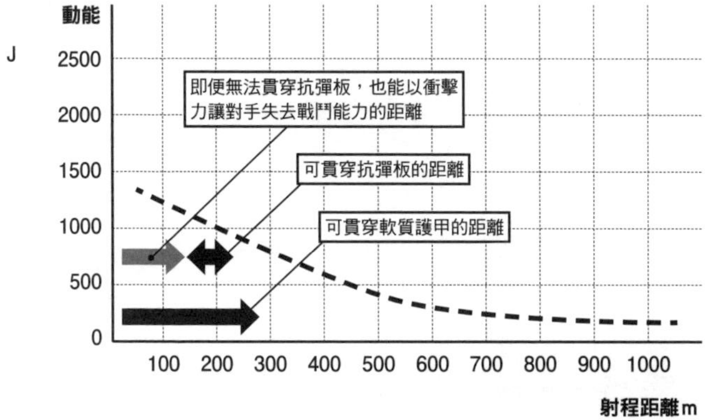

能力就會越高。比較兩幅圖表，可看出7・62㎜彈在800m以內的交戰距離，所有能力都比較強，具有相當大的殺傷能力，而5・56㎜彈的殺傷能力就只限於300m以內。

總結以上所述：

◎7・62㎜彈從至近距離到800m都可發揮全能威力，是一種通用彈藥。

◎5・56㎜彈是為近距離戰鬥而特化的專用彈藥。

對防彈材料的實射比較

圖25、26是在美國對美軍釋出的M1防護背心內部裝設的芳綸纖維軟質護甲材料(*76)在300m的距離分別以5・56㎜彈與7・62㎜彈實際射擊的示意圖。芳綸纖維的抗張力強度是相同直徑鋼鐵的5倍，且對衝擊力的傳播速度也很快，可迅速擴散彈著時的衝擊，並阻止彈頭穿透。但由示意圖卻能看出，7・62㎜彈的動能遠遠凌駕於芳綸纖維的抗彈能力。

---

*76 主要用來抵擋砲彈與炸彈破片的人員防護裝備，又稱防破片背心，屬於PASGT（Personnel Armor System Ground Troops，地面部隊個人防護系統）的一環。美軍於1982年採用，一直使用到2001年左右

圖25 5·56㎜彈對軟質護甲的貫穿能力

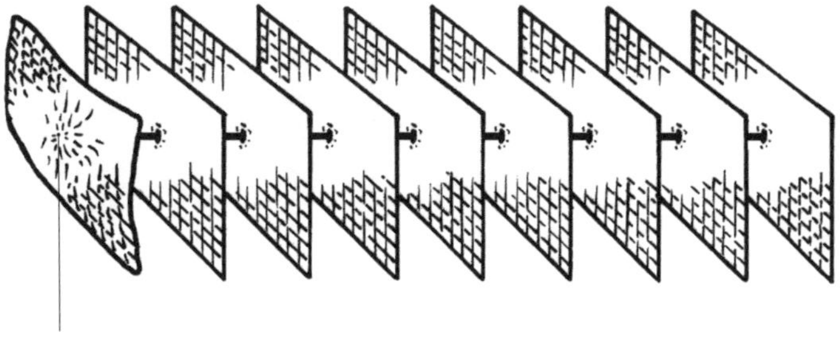

圖26 7·62㎜彈對軟質護甲的貫穿能力

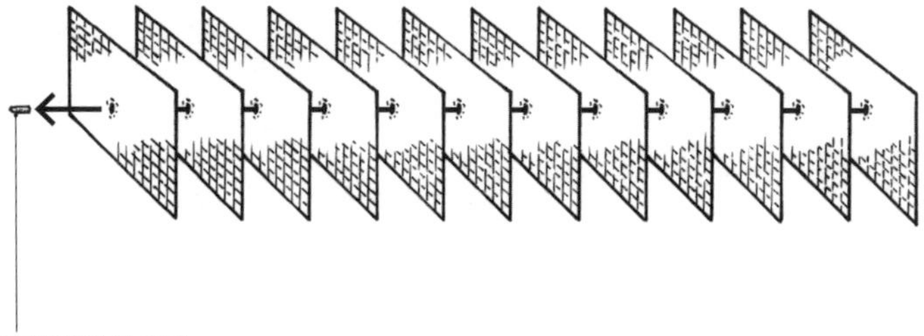

我從自衛隊辭職後，曾採訪過以大約1㎝厚的碳鋼板進行的抗彈測試。這是從距離300m以5.56㎜彈（鋼鐵彈芯）與7.62㎜彈（鉛彈芯）進行實射的測試，7.62㎜彈的鉛製彈芯即便是壓扁的狀態，也還是能穿透碳鋼板。由於動能較大，因此能造成數倍於彈頭的3㎝直徑孔洞。除此之外，表面塗裝的剝離範圍也達到彈頭直徑的20倍（約15㎝），可見其衝擊力有多強。

至於5.56㎜彈，雖然使用鋼鐵彈芯，但它卻是被熔接在鋼板表面，並未貫穿。雖然彈頭帶有的動能全部傳遞至鋼板，不過表面塗裝的剝離範圍卻僅有彈頭直徑的10倍左右（約5㎝）。7.62㎜彈不論貫穿能力、衝擊能力都大幅凌駕於5.56㎜彈，這真是令人驚訝。

7.62㎜彈與5.56㎜彈的制壓範圍比較

把前面提到的7.62㎜彈與5.56㎜彈各自動能與對防彈材料的實射測試數據，按照口徑分別將火力制壓範圍圖像化，就會像圖27那樣。美國與

圖27 不同口徑的制壓範圍比較

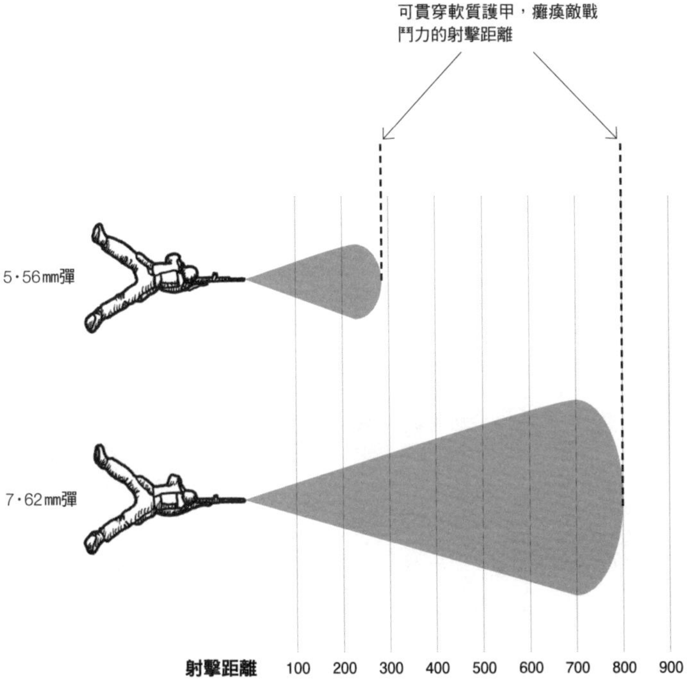

NATO諸國即便將制式步槍的口徑從7．62㎜縮小至5．56㎜，步槍排卻依然持續使用7．62㎜口徑的機槍。7．62㎜彈作為支援武器所能發揮的制壓火力，即便扣掉管理2種口徑子彈的麻煩，也仍舊相當有效，只要看這幅圖便能明瞭。

進入本世紀後，可射擊全尺寸7．62㎜彈的新種槍械「戰鬥步槍」開始積極配賦。由此可以看出，讓7．62㎜機槍的面制壓交戰距離與戰鬥步槍的精準半自動火力交相組合，是讓戰鬥更具效果的趨勢。

在癱瘓敵兵戰鬥力方面，可由是否能夠貫穿軟質護甲來做大致比較。由於槍傷對戰鬥力的癱瘓會依射擊距離與子彈穩不穩定、動能等因素有關，因此實際上會更為複雜，但若能夠貫穿軟質護甲，彈頭就會穿過皮膚侵入體內帶來創傷（外傷）。由於創傷會伴隨出血、併發感染症，以及因異物入侵體內而產生血栓，比單純的挫傷還要嚴重，因此是否能夠貫穿軟質護甲造成外創，就可當作剝奪戰鬥力與否的概略參考標準。

綜合以上所述：

◎對於穿著軟質護甲的敵兵，7．62㎜彈在射擊距離800m有效，5．56㎜彈在射擊距離300m有效。若將7．62㎜彈的有效射擊距離視為5．56㎜彈的2.5倍，那麼制壓面積就是其2次方，相當於6．25倍。

步槍口徑的動向

全世界13家主要槍廠當中，有8家以上都有推出使用相同設計但分為5．56㎜與7．62㎜兩種口徑的步槍產品。德國黑克勒＆科赫公司的HK416不僅成為法軍制式步槍，美國陸戰隊也引進以HK416為基礎構成的M27 IAR（Infantry Automatic Rifle，步兵自動步槍）(＊77)取代「MINIMI」作為班用自動武器，可說是相當成功。

反觀比利時FN埃斯塔勒的SCAR SYSTEM，雖曾參與多支軍隊的競標，但卻都敗下陣來。之所以會如此，是因為HK416不需要工

＊77　德國黑克勒＆科赫公司研製，以HK416為基礎製成的模組化輕機槍。口徑為5．56㎜，使用5．56x45㎜NATO彈

具便能更換上機匣與槍管，但ＳＣＡＲ卻需要槍管更換工具，且在更換槍管後，還得重新調校瞄準具並進行試射。由此可知，將彈藥、槍管、瞄準具併成一組考量，便是成功的關鍵所在。

美國與ＮＡＴＯ諸國軍隊的步槍排都有同時配備５・56㎜與７・62㎜兩種口徑步槍，兩者的比例變動則會受士兵需求與預算影響。由於現代士兵會攜行夜視儀、通訊器材等裝備，因此會希望減經步槍重量。隨著反恐作戰與設施警衛任務增加，以及自動化、機械化日益進步，士兵也會強烈希望槍枝全長能夠盡量縮短。

然而，對於實際參與戰鬥的第一線部隊而言，最注重的仍是子彈的威力。在此要繼續老調重彈，交戰距離３００ｍ以內即是所謂「死亡間距」；在這樣的距離交戰，５・56㎜彈與７・62㎜彈同樣有效，但７・62㎜彈不僅動能更具壓倒性，技術發展餘裕也比較大，因此勢必會成為今後的主流。然而，要汰換各國皆已全軍採用的５・56㎜口徑步槍，就預算而言相當困難，

圖28 **操作性較高的小牛頭犬式步槍示意圖**

圖29 **前方拋殼式的小牛頭犬式步槍**

因此目前只能傾向一邊設法提升5·56㎜子彈功能，一邊轉換為新設計的7·62㎜口徑步槍。

為美軍、NATO軍供應步槍的槍廠都有準備兩種口徑規格，這就代表它們都維持著隨時都能量產7·62㎜步槍的體制。一旦戰爭開打，若5·56㎜步槍真的顯露威力不足問題，便能立即對前線提供7·62㎜步槍，這些國家都維持著這種能力。此外，外國戰鬥部隊的士兵大多都有用過獵槍，因此相當熟悉獵槍常用的7·62㎜子彈特性。如此一來，便更有潛力能在極短時間內將第一線步槍火力轉換為7·62㎜子彈。

射擊7·62㎜彈的槍械多會給人較大、較重的印象，但像是圖28、29的RFB（Rifle Forward Ejection Bullpup，前方拋殼式小牛頭犬步槍）重量僅有3·68kg，比英軍制式的5·56㎜小牛頭犬式步槍L85(＊78)（3.8kg）還要輕。由於採用將機關部收納於槍托內的小牛頭犬式設計，因此即便槍管長度與64式步槍相同（45㎝），全長卻只有66㎝，比64式步槍短33㎝、比89式步槍短26

＊78　英國於1980年代研製的突擊步槍，採用緊緻的小牛頭犬式設計。口徑為5·56㎜，使用5·56×45㎜NATO彈

cm，甚至可以單手用槍，也適用於現代的「射擊兼格鬥術」。

小牛頭犬式最大的缺點在於拋殼方式[*79]，但目前已改善至能從準星前方排出，這可說是解決自動步槍所有問題的最佳方策。7.62㎜彈總給人帶來一種發射後座力較強、僅有體格較勇的士兵才有辦法操作的印象，但透過現在的技術，不僅已提升槍口制退器性能，也在槍托內部加裝用以減輕後座力的緩衝器，使得槍托傳來的後座力變得相當輕。

這些附加設備可以輕易加裝，且對槍枝發射機構幾乎不會造成影響。後座力比7.62㎜步槍還要強的霰彈槍，現在都能由身材嬌小的女性選手進行飛靶射擊，可以見得技術的進步。射擊7.62㎜全尺寸子彈的步槍，只要在設計與附加設備上多下點工夫，便能讓身材較小的士兵也能輕易操作，再度成為配賦全軍的制式步槍候補焦點。

透過前面的講述，可以得知7.62㎜彈的發展潛力遠大於5.56㎜彈。

既然交戰是力與力的衝突，那麼打仗時就必須具備能夠發射較強彈頭的槍

＊79 射擊後將彈殼自藥室排出的方式

械，這點已再明白不過。美軍從２００３年開始，會在一般步兵部隊的步槍排配賦2挺7.62㎜戰鬥步槍，ＮＡＴＯ諸國也開始採取將步槍口徑改回7.62㎜的態勢，反觀日本，又是如何呢？關於未來需要的槍械，必須先一步選定使用彈藥，然後整備好教育訓練體制才行。

第4章

他國的戰略思想

進化中的機槍

照井　日本的步槍小隊放棄使用7・62㎜機槍，會導致地面戰力嚴重弱化，這對於防衛來說是個大問題。

二見　機槍今後會往哪個方向發展，是一件很重要的事情呢。

照井　像5・56㎜機槍「MINIMI」（圖30、31）這種可以發射5・56㎜彈的全自動武器，美軍將其歸類於AR（Automatic Rifle），也就是「連發性能較強的步槍」，並以法文稱其為「Mini Mitrailleuse」(＊80)。要說它的能力與7・62㎜口徑有多大差異，假如射擊5・56㎜彈的機槍是玩具小汽車，那麼發射7・62㎜彈的機槍就是實際可以載人開上路的轎車了。有鑑於此，5・56㎜MINIMI輕機槍便開始有退出江湖的傾向。反觀目前的陸上自衛隊，卻仍在使用世界已經傾向廢除、僅有玩具小汽車等級能力的「機槍」，這種狀況比日俄戰爭時代還要嚴重。

＊80　法文「小機槍」之意，是陸上自衛隊「5・56㎜機槍MINIMI」的商品名稱

圖30 5.56㎜機槍「MINIMI」

圖31 5.56㎜機槍「MINIMI」全圖

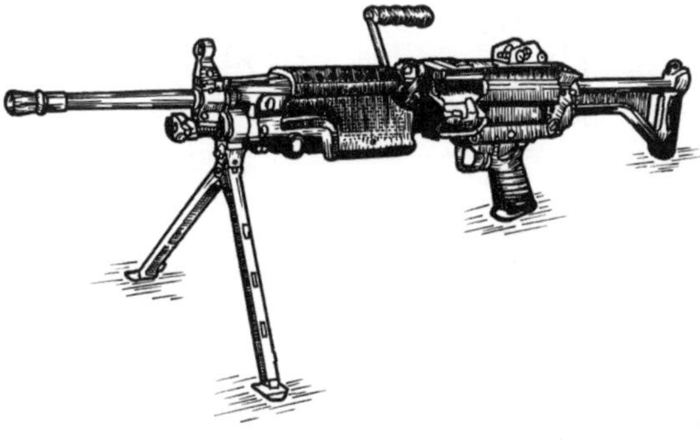

二見　可以再多詳細講一下兩者的差異嗎？

照井　射擊5・56㎜彈的輕兵器一如前述，僅能於300m以內的交戰距離發揮有效制壓火力。若要對付距離超過300m的人員，就得瞄準防護背心擋不到的骨盆位置。一旦交戰距離超過300m，儘管可以形成火網，這種口徑的機槍也缺乏實際效果。自衛隊稱為「機槍」的5・56㎜「MINIMI」，商品名稱為「迷你機槍」，美軍則稱之為「AR（Automatic Rifle）」定位為班用支援武器。然而，5・56㎜「MINIMI」這款武器卻已傾向廢除。

2017年10月發生的拉斯維加斯掃射事件(*81)相當有名，由於步槍用的60發彈匣、100發彈匣可靠度已有提升，因此特地以彈鏈方式供給5・56㎜子彈的優點已經不再突出，且所持槍械形狀明顯是自動武器的士兵也會優先成為敵人狙擊的目標。美國陸戰隊為取代5・56㎜「MINIMI」班用機槍，開始換用以德國HK416步槍為基礎研改而成的M27 IAR（Infa

*81　拉斯維加斯賭城大道掃射事件。在滿是觀光客的拉斯維加斯，嫌犯持槍從曼德勒海灣度假飯店的32樓朝著於賭城大道舉辦的音樂節會場掃射數千發。經過10分鐘左右的槍擊，犯人於房間內自殺，身邊留下23把槍

圖32 FN-MAG

ntry Automatic Rifle）。但這種傾向並非是要取消步槍排的機槍，一如美軍步槍排的編成，排部會配賦4挺7．62㎜機槍（FN－MAG）[*82]（圖32），為3個班提供火力支援。由於自動武器連發時容易暴露射擊位置，因此會傾向從遠於步槍交戰距離的地點進行射擊。這種想法，在引進先進步兵裝備系統的不久將來以後仍會繼續下去。

俄羅斯系的步槍、機槍用兵思想也是英雄所見略同，俄羅斯卡拉希尼柯夫輕機槍的改良型PKM[*83]發射的是威力強過7．62㎜NATO彈的7．62㎜全尺

＊82 1950年代由比利時FN埃斯塔勒槍廠研製的通用機槍。為NATO加盟國等超過80個國家廣泛採用，美國制式型號稱為「M240機槍」。口徑7．62㎜，使用彈藥為7．62x51㎜NATO彈

＊83 將1960年代初由米哈伊爾・卡拉希尼柯夫設計的蘇聯製7．62㎜口徑通用機槍「PK」提升生產效率並減輕重量改良而成的槍型。使用7．62x54㎜R彈

寸彈，以此確保有效射擊距離與制壓範圍。

二見 人們總是盲目認為自衛隊的裝備是最先進的，聽了這些事情之後，還真的得要改觀才行。

照井 為了因應這種變化，設計MINIMI的FN埃斯塔勒槍廠就在以往的7・62㎜MAG（通用機槍）當中加入了7・62㎜MINIMI／LMG（輕機槍），以作為支援用自動武器。由於7・62㎜MINIMI／LMG的操作方式與5・56㎜MINIMI完全相同，因此不須經過特別訓練便能延伸支援火力的射程，以符合軍方期待。

步槍排配備的7・62㎜機槍，正從手持輕機槍急速轉換為遙控武器系統[*84]。德國萊茵金屬公司設計的MG34[*85]可說是通用機槍GPMG[*86]代表作MG42[*87]（圖33）的原型，並且開創GPMG這個武器類別，但現在德國萊茵金屬公司已經不再設計、製造人員手持射擊的機槍了，可見要靠人力射擊的機槍已經開出淡出江湖。

＊84 遙控式無人槍架／砲塔的總稱

＊85 是由德國萊茵金屬公司設計、製造，1934年制式採用的德國機槍，為MG・42的前身。口徑7・92㎜，使用7・92×57㎜毛瑟彈

＊86 General Purpose Machine Gun，適用於各種任務的機槍

＊87 德國大腳公司（Gr RufRo）設計、製造的通用機槍。第二次世界大戰時的1942年開始量產。口徑7・92㎜，使用7・92×57㎜毛瑟彈

圖33「大腳」（Großfuß）MG42

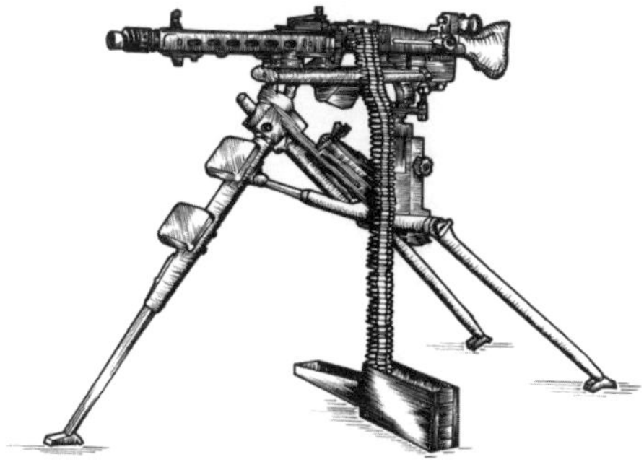

圖34 間接瞄準射擊

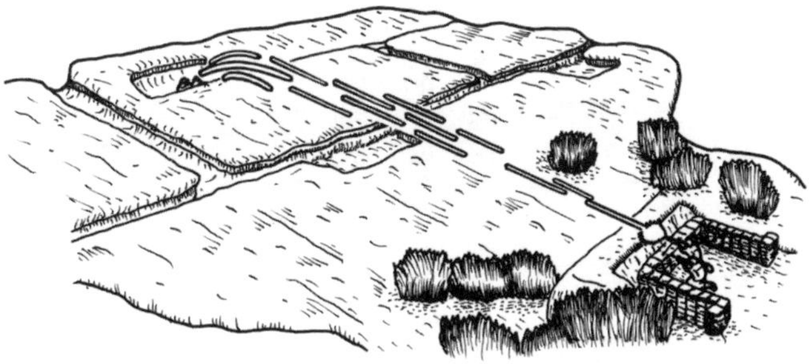

機槍的間接瞄準射擊（Indirect Fire）是第一次世界大戰以來的傳統戰法，利用機槍子彈會在1500m附近急速落下的特性，自頭頂掃射塹壕內的敵軍

關於7・62㎜機槍的射程，目前大約會以1500～2000m的距離進行射擊。且它並非直射武器，而是屬於曲射武器。它會採用間接瞄準射擊，利用拋物線彈道當作曲射武器使用。7・62㎜子彈擊發後，大約會在超過1500m處無法繼續維持拋物線彈道，彈頭會急速落下（圖34）。

如此一來，子彈就會以幾乎從正上方落下的方式擊中目標，使得抗彈板根本無法發揮作用。更可怕的是，由於子彈飛得比聲音還快，因此在聽到子彈飛來的聲音之前，步兵就會全被殲滅。子彈飛行的聲音是由彈頭產生，並往後方傳播（圖35）。因為這樣的關係，若子彈是從頭頂上方落下，就根本聽不到聲音。

二見　實際上是以這種方式攻擊，真是令人驚訝。時至今日，這種打法已經可以交由遙控武器系統自動進行了呢。

照井　第一次世界大戰時期的德軍，使用的是一種稱為8㎜毛瑟的子彈。而當時的機槍是要架在三腳架上，經過測量後才開火射擊躲在塹壕裡的敵

圖35 彈頭飛行聲響傳遞至耳朵的方向

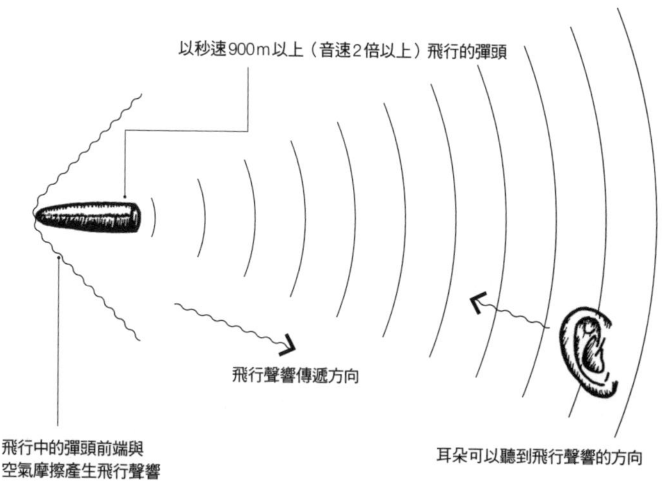

兵。若是以直接瞄準方式射擊機槍，子彈就完全打不中，因此必須經過測量，透過曲射彈道射擊才行。為此，機槍就會搭配測量設備、三腳架與油壓裝置，針對自動完成測量的地點以雪茄狀平面進行火力制壓。

測量射擊的最大有效射程可達3200m。圖33為大腳公司改良MG34，使其更適合大量生產的MG42。正如您所言，時至今日，這種型態已經改變，也就是進化成遙控武器系統（自動砲塔）。自動砲塔結合了測量、GPS、計算機，能進行更迅速、準確、機械性的射擊。

有鑑於此，便不再需要讓人員去操作機槍了。看是要裝在UGV（Unmanned Ground Vehicle，無人車），還是在裝甲車加裝遙控武器系統（圖36），只要用觸控筆在平板電腦的電子地圖上點一點，便能對該處進行精準射擊。

二見　對於被攻擊的一方而言，根本防不勝防呢。

照井　遭射擊的地點會稱為打擊區（Beaten Zone），設定好打擊區，然後傳

圖36 搭載於裝甲車的遙控武器系統

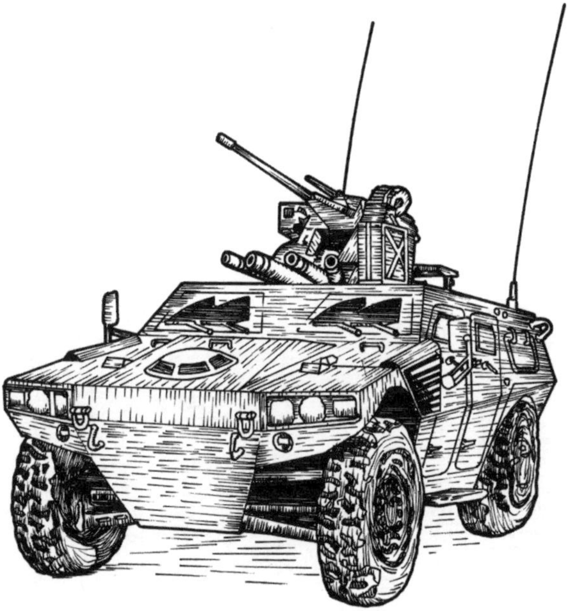

由於具備紅外線攝影機，簡單的偽裝因此
會被看穿，仍有遭到槍擊的危險

送給遙控武器系統，之後的重點就在於要怎麼打。目前無人機的技術可謂日新月異，在ＥＵＲＯＳＡＴＯＲＹ ２０１６的時候還沒那麼進步，但等到ＥＵＲＯＳＡＴＯＲＹ ２０１８的時候，已經有出現與無人機相互組合的方案。只要先派出無人機確認該處有無敵人，操作人員就能基於無人機取得的情報，在平板電腦上決定要怎麼打。決定好之後，僅需按下發射按鈕，武器系統便會自動射擊。

由於迫擊砲的砲彈會發出飛行風切聲響，若一次發射大量砲彈，敵人聽到風切聲就會逃之夭夭。但如果是機槍，即便打到彈如雨下，直到子彈命中的瞬間，敵人都無法察覺。由於子彈體積很小，雷達無法偵測，且若從頭頂正上方往下灌，抗彈板也無用武之地。因為這樣的關係，在毫無知覺之下，沒有裝甲保護的部隊很可能一瞬間就會全遭殲滅。且由於敵人是位在１５００～２０００ｍ距離之外，因此甚至還看不到敵蹤，就會遭到全殲，這真是相當恐怖的一件事。

此外，射擊精準度也不斷提升，目前已經能準到不會傷及周遭建築物了，號稱「外科手術式打擊」（Surgical Strike）。這就像是動外科手術那樣，僅去除敵人的威脅性。由於目前已經是這樣的時代，因此手持運用的7・62㎜機槍，此後應該就會消逝無蹤，改由自動砲塔上場，以更精明的方式作戰。

這種間接射擊戰法是在歐洲由英國與德國累積超過100年的歲月發展而來，美國以前並不知曉。美國在第2次世界大戰時期並未配備通用機槍，因此自然也不知道箇中訣竅。有鑑於此，他們最近才會捨棄M60機槍，改為採購比利時的FN-MAG。之所以會選擇FN-MAG，不僅僅是要取得機槍而已，而是要連用法訣竅也一起引進。也就是說，就連靠蠻力硬幹、憑物量壓倒的美國，都已想要改變戰法，改採外科手術式的打擊。

機槍子彈非常廉價，就算製造幾千發，也比1顆迫擊砲的砲彈便宜。此外，它的破壞範圍也比較小，因此比較適合用於現代戰鬥。機槍的戰法變化，居然在2年之內便有如此急速進步。反觀捨棄7．62㎜機槍的日本，恐怕又會再度重蹈日俄戰爭的失敗覆轍。

二見　雖然有點差異，但這就像是以機槍來施展反戰車飛彈的「頂攻」(＊88)戰術呢。從頭頂降下彈雨，如果不知道有這種方法的話，還真是蠻恐怖的。一如照井先生所言，若事前不知有此戰法，轉瞬之間就會蒙受重大損失。既然如此，作戰方式應該也會隨之改變吧。

照井　是的。事實上，在日俄戰爭後到大東亞戰爭之間，日本也曾熱衷研究以重機槍進行測量射擊。

二見　真的假的。

照井　我的祖父就是機槍手，因此常聽他講古，且祖父留下的研究文獻，我也保存在手。文獻中有記載使用92式重機槍(＊89)進行間接瞄準射擊的研究資料，並畫出92式重機槍用間接瞄準鏡的剖面圖。92式重機槍於1932年開始配備，當時便有為機槍準備間接瞄準具，日本可說是領先於世界。

＊88　針對戰車裝甲較薄的頂部進行攻擊的方法。有些反戰車飛彈會拉升高度，從正上方對車頂發動攻擊

＊89　1930年代前期研製、採用的大日本帝國陸軍重機槍，從中日戰爭一直使用到太平洋戰爭結束。口徑7．7㎜，使用7．7㎜九十二式普通彈

由於MG34是在1934年制式採用，因此日本還領先2年。當時的國防整備構想是以前蘇聯作為假想敵國，主戰場位於滿州與前蘇聯的邊境。由於日本的工業實力仍處於發展階段，因此鋼鐵大部份都先供應給海軍艦艇，精密工業主力則用於飛機。如此一來，分配給陸軍火砲的工業資源就變得相當有限，只能以機槍充當主要兵器。為此，就把機槍口徑強化為7.7㎜，射程也延伸至3500m，比MG34的射程長了300m。

92式重機槍在每個步兵連隊會配賦24挺，並搭配當時世界最新的間接瞄準鏡。間接瞄準射擊雖然很困難，但日本從江戶時代開始就很注重教育，文盲率是世界最低，國民素質相當高，軍官能力也很優秀，因此在重機槍運用方面可說是達到當時世界最高水準。然而，子彈的生產能力卻略顯不足，即便再怎麼努力，每年也只能製造6億發，而機槍的生產其實也跟不上腳步。

在這樣有限的工業能力之下，增加子彈種類只會對生產力與補給帶來壓迫，且優秀的重機槍在送達南方戰線的戰場之前，大多也都隨船沉到海底，使其沒能發揮應有能力。在分隊戰術方面，會先讓輕機槍手打頭陣向前推進，並於最後進行刺刀衝鋒，日本一直到大東亞戰爭(*90)結束前都沒有捨棄這種模式。即便如此，將機槍數量增強至常規編制2倍的沖繩「嘉數戰役(*91)」，日軍仍能善用反斜面陣地，與數量達到10倍以上的美軍對峙16天之久。我至今仍覺得，若機槍數量充足，且能發揮原本的運用方式，在對付當時並未配備機槍的美軍時，應該有辦法憑藉少量兵力與有限彈藥以寡敵眾取勝才是。

二見 由此可見，當前自衛隊若不擴大研究範圍，就有可能再度遭到技術奇襲呢。

照井 我認為現在的防衛狀況，比先前戰爭開戰之前還要危險。當時日軍即便手上裝備有限，實力也足以在戰場上發揮效用。不僅戰鬥機與魚雷是當時世界最強，仰賴機槍的地面兵力即便沒能湊足機槍數量，也還是能靠大量廉價的重擲彈筒(*92)彌補火力不足。

當時的交戰雙方實力尚屬伯仲，但如今戰鬥機已價格高漲，不僅無法湊

---

*90 指大日本帝國與中華民國、同盟國之間爆發的戰爭，與太平洋戰爭同義。1937年7月7日開戰，1952年4月28日完結（國際法上的戰爭結束日為舊金山和約生效日）

*91 發生在太平洋戰爭末期的沖繩，始於1945年4月8日，長達16天的激戰

*92 八九式重擲彈筒最為出名，大日本帝國陸軍的小隊用輕迫擊砲。射程200m左右，構造簡單，適合大量生產。與迫擊砲同為曲射彈道武器，可為步槍小隊戰鬥提供密接火力支援，算是最大程度活用當時日本工業能力的兵器，評價相當高

齊必要數量，妥善率也不佳，再加上緊急起飛次數激增，更是雪上加霜。現代地面戰鬥的交戰距離300m以內堪稱死亡間距，任誰也無法跨越雷池。從2000m左右會先以機槍開始間接瞄準射擊，步槍射擊則始於500m左右。若像以前使用81㎜迫擊砲彈[*93]，為摧毀一個露天機槍陣地，發射100發頂多只能命中3發，但若配備使用GPS導引的CVT信管[*94]，那麼包含試射在內，只要打3發就夠了。此外，若口徑為120㎜重迫擊砲[*95]以上，在方圓25m範圍還內可透過空炸方式撒下2萬個破片，若按以往方式張開手腳臥倒掩蔽，就會斷手斷腳立即陣亡。若質量相同，每個破片的破壞力會是每發子彈的16倍以上。

根據第二次世界大戰以後的研究，人員陣亡原因有75%是來自砲彈、炸彈破片，這還真是有說服力。現代戰爭同時也追求經濟效益，會設法以最具效率的方式殺人，要如何在這樣的狀況下生存保命，自衛官幾乎一無所知，仍舊維持以前的大字臥倒法。

＊93　81㎜口徑迫擊砲使用的標準砲彈

＊94　信管配備精密導引系統，靠近目標後就會引爆的砲彈。即便沒有直接命中目標，也能對其造成損害

＊95　法國湯姆森布朗特公司研製的迫擊砲。1980年代後半開始為法國陸軍採用。日本陸上自衛隊於1992年度開始採用，並由豐和工業進行授權生產

二見　不只是防守，就連攻擊之際，也都慢人家一步呢。

照井　陸上自衛隊的步槍小隊並未持有能在交戰距離300～2000m之間應戰的武器。小隊需要的並非1、2具反裝甲武器，而是數量充足、能夠制壓敵人的武器。在AASAM每年奪冠的印尼制式步槍PINDAD SS2（*96），其有效射程為600m。這除了具有在敵登陸之前將之減殺的明確意圖，也是為了整備地面戰力。所謂日本只是島國，因此武器射程較短也無妨的這種理由根本就不成立。由於是在沒有明確意圖之下更新步槍，因此64式步槍到底要何年何月才能全部換成89式步槍，任誰也說不清楚。這就好比是西班牙巴塞隆納的聖家堂興建狀態，新步槍到底會如何配備，實在是霧裡看花。

如果陸自要像明治維新那樣急速進化，就該全面換裝7.62mm小牛頭犬式步槍，並將機槍口徑統一為7.62mm。在本章的後半段，要介紹一下世界各國的動向。

---

*96　印尼品達德公司研製的突擊步槍。2006年為印尼軍、警採用。口徑5.56mm、使用5.56×45mmNATO彈

自衛隊有可能近代化嗎？

澳洲的制式步槍「ＳＴＹＥＲ ＡＵＧ Ｆ90」(＊97)（圖37）就有透過ＡＡＳＡＭ蒐集到的情報進行改良，並從第一線步兵部隊開始優先換裝。想在ＡＡＳＡＭ看到最新型的Ｆ90，應該還要再等上好一陣子，目前僅透過新聞報導得知前往韓國參加共同訓練的部隊已有配賦。

將制式步槍換成小牛頭犬構型，就沒辦法再施展刺槍術，等同於捨棄了刺刀。進入本世紀之後，由於防彈背心普及，因此已不再有部位能以刺刀突刺、砍劈。法軍除了舉行儀式之外，已不會再把刺刀拿出庫房。先進國家的軍隊陸續廢除刺刀格鬥，對於與敵近身戰鬥，會改採以手、腳打擊，格擋敵人動作後再伴隨開槍射擊的「射擊格鬥術」。

刺刀作為戰鬥刀械的使用途徑，大約從２０１２年開始就變得相當有限。首先是因為防彈背心的發達，導致沒有地方可以突刺。另外，根據

＊97　奧地利斯泰爾——曼利夏公司研製的突擊步槍，為澳洲軍制式步槍。ＡＵＧ（Army Universal Gun，通用步槍）採用小牛頭犬式設計，雖然射擊精準度略微降低，但卻能迅速更換槍管，轉換為近身專用槍、射程延伸步槍、班用機槍等功能。口徑為5．56mm，使用5．56×45mmＮＡＴＯ彈

圖37 澳洲軍的STEYR AUG F90

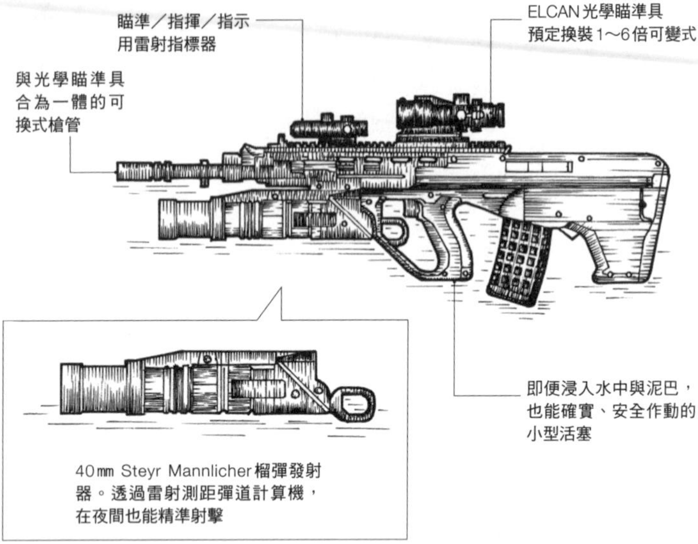

全長	槍管長	有效射程（推定）	重量
790㎜ （比89式步槍 短126㎜）	508㎜ （比89式步槍 長88㎜）	700m （為89式步槍的2倍）	3250g （比89式步槍 輕250g）

２００１年至２０１１年進行的伊拉克、阿富汗戰傷病研究，人一旦遭受致命傷，大腦會先陷入混亂，進而不會感到痛覺，因此刀械格鬥也改為重視切斷敵人腳筋的技術，以讓其無法站立。如此一來，刀械格鬥技術就變得相當困難，必須花費許多時間訓練，使得刺刀作為戰鬥刀械的活用技術，已經變成特種部隊的專屬絕活。由於最新型步槍會配備4種瞄準具與射擊位置偵測裝置等精密儀器，因此不再適合把步槍當作打擊武器使用（圖38）。

射擊位置偵測裝置已經縮小到可以裝在步槍上，變成一種個人裝備。中國也有推出手掌大小的射擊位置偵測裝置，可以裝在單兵肩膀上。射擊位置偵測裝置能藉由敵方槍枝的發射音與子彈飛行聲響標定開火位置（圖39）。

為了對抗這種列入個人裝備的射擊位置偵測裝置，最近就連機槍也會加裝減音器。射擊裝上減音器的槍械，射擊位置偵測裝置就只能偵測到彈頭的飛行聲響，使敵人僅能概略得知開火方位。如此一來，為了反制加裝減音器的槍械，就會讓配備射擊位置偵測裝置的士兵以網路相互連結，藉由

圖38 現在的步槍會配備4種瞄準具

主瞄準具
1～6倍可變式光學瞄準鏡兼內紅點瞄準具
副瞄準具
無倍率內紅點瞄準具，用於300m以內～近身戰鬥。為主瞄準具故障時的備用品
指標器
雷射指標器，指揮／指示用
備用瞄準具
傳統式的準星、照門。主、副瞄準具皆故障時的備用

主瞄準具、副瞄準具、備用瞄準具、指標器，這4種瞄準具會合稱為「Aiming Device」

圖39 射擊位置偵測裝置

可藉由發射音、彈頭飛行聲響推算出射擊位置

GPS的定位交會法[*98]算出射擊位置，使單兵電子裝備進一步增加。這就是步兵近代化的真實樣貌。

要在這種戰場上生存、作戰，就得具備更優異的裝備，且還要能夠領先時代一步，因為人員訓練得花時間。有鑑於此，若想一口氣跨越時代，讓自衛隊能在短時間內近代化，就要把制式步槍換成7．62mm的小牛頭犬構型、機槍統一為7．62mm輕機槍與搭配遙控武器系統的間接瞄準射擊用車載機槍、把5．56mm彈從彈藥種類中剔除以簡化補給、廢除刺刀格鬥以確保訓練時數，結論就是如此。

現在的7．62mm小牛頭犬式步槍只比89式步槍重180g而已，且由於重心較靠近身體，就連女性隊員也能單手握持。重心較靠近身體，對於施展射擊格鬥術也較為有利。雖然槍長變得比較短，但其實反而有利於格鬥戰。小牛頭犬式的瞄準基線只有傳統構型的一半不到，因此只能捨棄以照門、準星進行瞄準，改用光學瞄準具的話，便能使戰鬥力有飛躍性的提升

---

*98 從多個已知點求出目標方向、位置的測量法

圖40 **將制式步槍換成小牛頭犬構型所能帶來的效果**

傳統構型：89式步槍		小牛頭犬構型：F90
	→	

【現狀與問題點】		【可期待的效果】
射擊能力		**射擊能力**
1.槍管長度不足，導致距離500m以上的有效射程不足 2.透過準星、照門來瞄準，欠缺距離400m以上的瞄準能力 3.對移動目標的射擊能力不足	→	1.延長槍管長度，使有效射程獲得延伸 2.光學瞄準具列為標準配備，藉此獲得距離400m以上的瞄準能力，且目標識別、瞄準移動目標及射程變換能力也有飛躍性提升（瞄準基線較短的小牛頭犬構型必須配備光學瞄準具） 3.由於槍枝全長縮短，因此對移動目標射擊能力、至近距離射擊能力皆能提升
隊員基礎能力		**隊員基礎能力**
1.槍械的操作與保養方法流於形式、明顯落伍 2.隨著防彈背心普及，刺刀格鬥已不再有效	→	1.實現對於槍械的意識改革，貫徹操作、保養訓練 2.實現「射擊格鬥術」的轉換

（圖40）。

像這樣的權衡也是無可奈何，由於資源有限，因此魚與熊掌不可兼得。若想進行改革，首先得要下定決心捨棄不再續用的事物，否則根本就擠不出人力資源與時間、經費。

2018年7月23日的《讀賣線上新聞》有一篇標題為「海自、空自將把部分地面任務移交給陸自」的報導，內容講的是為了能讓海上自衛隊、航空自衛隊把人力優先分配至艦艇與航空器運用相關任務，以提升應處中國積極往海洋發展的能力，政府預計會把海上、航空兩自衛隊的設施警衛等地面任務部份移交給陸上自衛隊執行，考慮採取「交互支援」模式（＊99）。

雖然這項政策明顯難以實現，因此戛然而止，但陸自的任務卻仍不斷增加。不僅陸基神盾（＊100）的運用需要人力，還要加上國際任務，就像是連自家員工都得出動執行業務的人力派遣公司一樣悽慘。然而，韓戰時期的韓國軍，卻也還是能在打仗的同時完成建軍。日本透過明治維新而能走到今天這一

＊99 讓各自衛官跨越陸上、海上、航空的區別進行運用。例如：航空自衛隊的基地警衛交給陸上自衛隊執行等。海外則傾向於把醫療機能獨立出來，改採陸軍、海軍、空軍、醫療軍4軍體制。對於陸軍、海軍、空軍的衛生支援工作，會由醫療軍進行交互支援

＊100 把神盾艦的彈道飛彈攔截系統移至陸地上運用的系統

步，若換作是其他國家，可能得打超過１００年的內戰吧。要讓自衛隊在極短時間內完成近代化，我認為並非不可能的事情。

ＡＡＤ２０１８緊急報導

２０１８年9月19日～23日，「ＡＡＤ ２０１８國際航空防務展」於南非共和國首都普勒托利亞郊外的空軍基地舉辦，而我是唯一獲得官方核准採訪的日本記者。除此之外，6月11日～15日在法國首都巴黎郊外的國際展示場舉辦的歐州最大國際防務展「ＥＵＲＯＳＡＴＯＲＹ ２０１８」，我也是獲得核准的記者，因此可以比較一下兩場防務展有何不同。

ＥＵＲＯＳＡＴＯＲＹ的「商業」色彩極為強烈，像是戰鬥機、軍艦，以及情報蒐集、處理、傳達系統等可讓防衛產業獲利的兵器較為搶眼，整體感覺比較像是近未來的戰場。至於ＡＡＤ，傳遞的則是真實戰場的樣貌。特別是ＡＡＤ ２０１８，透過南非陸軍的全面協助，具有許多相當著重真實性的體驗型展示，可具體感受當前的戰場樣貌。以下要介紹幾項在AAD 2018中特別令我在意的展示：

【榴彈機槍】

現在的地面戰鬥，步槍排會運用口徑20㎜以上的「砲」，而40㎜榴彈機槍的射程則已延伸至2500m。俄羅斯推銷的是35㎜榴彈機槍，而南非陸軍實際運用的則是40㎜榴彈機槍。

【狙擊槍】

狙擊槍採用.50口徑（12.7㎜）已是理所當然，重型狙擊槍則將口徑加大至20㎜，射程也延伸至2000m。步槍排會在敵我距離進入2000m以內時開始交戰，相互接近到1000m時便已分出勝負。展示會場令人留下印象的包括南非陸軍實際運用的20㎜狙擊槍，以及俄羅斯槍廠攤位大力推銷的重型狙擊槍與減音狙擊槍。

【中國】

中國也擺出規模很大的攤位，占了機棚展示會場的3分之1左右。

由於南非製、蘇丹製、俄羅斯製、中國製、印度製的輕兵器相當經濟實惠，且將來有可能會成為自衛隊的威脅，因此必須摸清楚它們的性能與功能才行。大砲的發射數量會銳減，現代戰場講求的是「安靜、經濟、有效率的大量殺人」，這在2年前的AAD 2016尚無法透過實際裝備窺見。

口徑20㎜以上的火器已不稱槍，而算是「砲」[＊101]。20㎜在酬載意義上，代表其彈頭可配備內建計算機的信管與高性能炸藥。使用成形炸藥彈頭，可貫穿40〜60㎜的裝甲板，裝上配備GPS的信管，則可構成具備空炸功能的砲彈。當然，50口徑（12・7㎜）使用的穿甲彈、燒夷彈威力也變得更加強大。40㎜榴彈機槍隨著彈道計算機的發達，可加裝以往配備於迫擊砲的瞄準

＊101 包括日本在內，依國際慣例，會把口徑未滿20㎜的火器稱為「槍」，20㎜以上的稱為「砲」。槍與砲的差異在於酬載能力，砲彈可加裝信管，並於彈頭內部填充炸藥，使其具備爆炸能力。20㎜口徑是可大量生產的內建炸藥式最小彈藥尺寸

具，進行間接瞄準射擊，能比照迫擊砲運用。在射擊精準度方面，夜間直接瞄準射擊可打中４００ｍ外大樓的特定窗戶。間接瞄準射擊則不分晝夜，可讓40㎜榴彈在２０００ｍ外精準彈如雨下。

從以前開始，透過遙控武器系統以７．62㎜機槍進行間接瞄準射擊，可以把機槍子彈精準射至１５００～２０００ｍ外的目標，若使用40㎜榴彈則能進行面制壓，並且摧毀裝甲車輛。40㎜榴彈若為成形炸藥彈頭，可貫穿80～１２０㎜的裝甲板，且還是以曲射彈道命中裝甲車頂部。除此之外，於發射器加裝彈道計算機後，人攜式的鐵拳反戰車火箭彈(*102)射程也能延伸至１３００ｍ，達到以往的３倍以上。

目前陸上自衛隊的步槍小隊使用５．56㎜步槍、未配備機槍，僅有５．56㎜迷你迷機槍。由於不具備可行間接瞄準射擊的武器，因此交戰距離在４００ｍ便達到極限。50口徑的重機槍，對於２０００ｍ外的目標也只能行直接瞄準射擊，且還僅限於白天使用鐵瞄具(*103)射擊。即便以迫擊砲反擊，在開

---

*102 德國代納邁．諾貝爾防務公司研製的人攜式反戰車武器。除德國陸軍、瑞士陸軍有配賦，日本陸上自衛隊也採用為「１１０㎜人攜式反戰車彈」

*103 使用照門、準星的目視型等倍瞄準具，因為是鐵製品，所以又稱鐵瞄具。它不像光學瞄準具那樣能夠發揮超越人員裸視以上的能力，是最原始的瞄準具。

始效力射[*104]之前，就會遭受40㎜榴彈與機槍的曲射精密射擊。還沒能夠看見敵人，甚至接近不到１０００ｍ以內，在步槍與輕機槍未能打響前，就會被全部殲滅。

該如何看待ＡＡＳＡＭ

在得知戰鬥實際樣貌後，便曉得ＡＡＤ的舉辦地點要與歐洲、美國保持適當距離會比較好。之所以會這麼說，是因為非洲大陸的紛爭相當複雜，為了避免歐洲與美國介入維穩，不會讓歐洲與美國強硬推銷其武器，藉此能夠實際見識到純粹為了在戰鬥中取勝而追求的武器與裝備體系。由於非洲戰場會使用來自全世界的步兵武器，因此也會前往澳洲蒐集ＡＡＳＡＭ的情報。ＡＡＳＡＭ每年５月於澳洲的帕卡普尼亞爾陸軍基地舉辦，包含日本在內，來自東亞、環太平洋等15國會去參加，並於網路公布參賽成績。

分析每屆ＡＡＳＡＭ的射擊項目，可發現近年會因子彈與槍枝的進步

---

*104 摧毀敵軍的射擊

而導致戰鬥樣貌產生變化。從美國、NATO諸國的步槍配備狀況，以及俄羅斯、中國解放軍的步槍配備狀況，可以窺見日本新型步槍的必要性。AASAM有個項目是部隊戰鬥射擊，此項目是以射程100～400m的目標變換射擊、射程25～100m的移動兼目標變換射擊等方式來考驗射手水準，會以各種不同射擊距離評比射擊成績。

在分析公開成績時必須注意一點，那就是透過競賽公布的資料並不是具機敏性的最新戰鬥技術。舉例來說，英、法、美國陸軍、美國陸戰隊的成績大多不怎麼高，那是因為射手多半是預備役，且AASAM的實施規定也包括「步槍僅能使用制式步槍（Service Rifle）」，因此這些國家就無法拿出已經陸續換裝的7.62mm戰鬥步槍上場，導致成績不盡理想。

至於澳洲軍之所以成績斐然，是因為他們配備的制式步槍本身就具備可以切換成近接戰鬥專用槍與射程400～600m用步槍的能力。（*105）然而，除澳洲以外成績進入前半段的國家，卻無法像先進國家那樣，能有足夠國防

---

*105 AASAM舉行的部隊戰鬥射擊會在MATCH28（Service Rifle Teams Championship）進行評比。該項目以基本射擊、射程100～400m的目標變換射擊、射程25～100m的移動兼目標變換射擊構成

經費在充實戰車等正面裝備的同時，也一起更新配賦給各個士兵的步槍。如此一來，它們就只能仿效先進國家，將步槍縮小口徑，把5．56㎜口徑制式步槍的功能做最大程度發揮，加入許多獨創巧思。再加上訓練足夠充實，才有辦法讓成績名列前茅。

在AASAM的參賽國當中，也有像是印尼那樣努力爭取冠軍，藉此宣傳、推銷輕兵器的國家。參加AASAM的國家會呈現各自步槍配備的傾向，其成績也不單只是射擊競技成果，很大程度也會反映出參加國家步槍的專門分化，以及對於制式步槍的思考方式。

前蘇聯系彈藥的變化

【交戰距離的變化】

基於從2001年的阿富汗衝突與伊拉克戰爭開始連年增加的反恐戰爭（非對稱戰爭）教訓，AASAM會將步槍的交戰距離設定為

450m。交戰距離之所以會如此延伸，是因為世界各衝突地區常使用的前蘇聯系彈藥產生變化。

各衝突地區常可看見配賦AK-47的(*106)少年、少女士兵，而調查在這些地區遭受槍擊而亡的屍體，會發現他們多半並非死於AK-47的7.62㎜短彈，而是被從遠處發射的德拉古諾夫狙擊槍(*107)全尺寸步槍彈狙殺。也就是說，少年、少女兵射擊AK-47只是幌子，因遭到他們開火而被引出的士兵，事實上是被遠方的德拉古諾夫狙擊槍擊斃。有鑑於此，就會需要配備能與德拉古諾夫狙擊槍對抗的槍械。除此之外，由於近年避免自軍士兵犧牲也成為政治上的重要因素，所以各國軍隊都會想盡辦法從遠距離狙殺敵人。

【機槍／狙擊槍用彈頭的變化】

現在俄羅斯、中國以及各衝突地區主要使用的步槍彈、狙擊槍彈、機槍彈，曾歷經多次重大變化。圖41為其比較圖，左起為7.62㎜狙擊槍／機槍

＊106 槍械設計師米哈伊爾·卡拉希尼柯夫設計的7.62㎜口徑自動步槍，1949年為蘇聯軍採用。其生產性佳、耐用度高，因而普及全世界，有推出各種改良型。使用7.62x39㎜彈

＊107 簡稱SVD。蘇聯研製的半自動狙擊槍，以氣動方式帶來優異連發性能，供步槍排運用。為了減輕重量並提升攜行能力，槍托與刺刀中間開有一個大洞，是其外觀上的一大特徵。既堅固又耐用，使用彈藥與機槍同為7.62x㎜54 R彈（R代表「Rimmed」或「Russian」），也能射擊狙擊專用彈藥7N1、7N14

彈、步槍用7・62㎜短彈、5・45㎜步槍彈。7・62㎜狙擊槍／機槍彈以前是尺寸、性能與7・62㎜NATO彈幾乎相同的彈藥，但如今為了延伸射程，有增加彈頭重量與發射藥量。

經過改良之後，德拉古諾夫狙擊槍的射程便能從以往的400m延伸至600m以上。而狙擊槍的射程延伸，則具有相當大的意義。以前射程只有400m時，發射音會在彈著的同時抵達敵方，但若延伸至600m，發射音的抵達時間就會稍晚於彈著，藉此得以隱匿我方的狙擊企圖，進而提高生存性。

班用機槍以前是使用圖41的7・62㎜短彈，但為了擴大火力制壓範圍，後來全尺寸7・62×54㎜R彈。這代表班用機槍的射程比起以往可以延伸數倍之多，若射擊距離延伸為2倍，因為面積是與距離的平方成比例，因此火制範圍便相當於擴大至4倍。讓狙擊槍與機槍共用彈藥，就代表在狙擊地點也能進行面制壓。

圖41 前蘇聯系彈藥比較

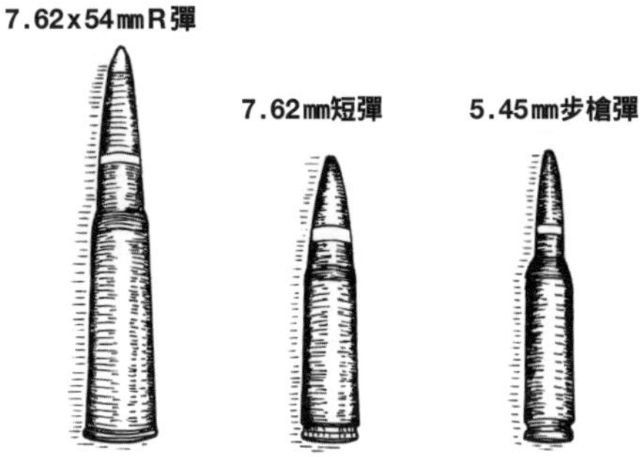

另外，機槍子彈的射程延伸，跟接下來要詳細講述的貫穿能力提升也有關聯。提高機槍子彈的貫穿能力，就會使搭乘裝甲車進行突擊便得更加困難。為了對抗這些前蘇聯系狙擊槍彈／機槍彈的變化，ＮＡＴＯ諸國也會讓步槍彈延伸射程，並且在狙擊槍加裝減音器。狙擊槍裝上減音器之後，只要在子彈能比發射音先抵達敵方的距離（６００m以上）開火，敵人就難以分辨槍彈是從哪邊射來，不知何時會被擊中，進而容易陷入恐慌。

隨著彈藥的進步，現代步兵的步槍交戰距離已經延伸至600m，戰法也因此產生變化，必須重新加以認識。

【步槍用彈藥的變化】

至於步槍，AK-47步槍使用的是圖41中間的7.62mm短彈，近代化的AK-74步槍則改用圖41右邊的5.45mm步槍彈。步槍用彈藥的第一次大幅改善，是在彈頭加上中空空間，命中人體後會擴大瞬間空洞，提高殺傷能力。這項改善使得彈頭在命中之際容易壓扁，甚至還傳除「連塊夾板也無法貫穿」的流言。此種彈頭入侵人體後會停止前進或產生劇烈晃動，藉此毀傷人體，是其構造特徵。然而，最近由於防彈背心等個人用複合裝甲技術發達的緣故，使得這項改善迅速失去效用。

第二次大幅改善為加入鐵製彈芯，這使最近的前蘇聯系步槍用彈藥變成能夠貫穿個人複合裝甲的子彈。除了彈頭經過這兩次大幅改善，在口徑方面也能看到從圖41右側的5·45㎜步槍彈改回7·62㎜短彈的傾向。我不僅曾經實際打過，也看過好幾次使用槍枝打獵的情景，7·62㎜短彈不僅射程比較短，精準度在距離300m時散佈界也大如門板。之所以會改回性能較差的7·62㎜短彈，應該是因為它比較容易製造，且作動也較為確實。也就是說，口徑較小的槍械比較難生產，且也不易排除故障，理由可謂相當單純。

中國解放軍曾一度嘗試換用5.8㎜（5.8×42㎜）口徑步槍彈與專用的小牛頭犬式步槍，但僅限於軍級單位，配賦全軍的制式步槍則是前蘇聯系AK系列的最新型，且即便更新步槍型號，彈藥也未改變。如果換用彈藥，不僅彈匣袋等裝備的設計也都必須一併更新，且伴隨作戰方式的改變，還得對全軍實施轉換訓練才行。

前蘇聯系武器是以延伸射程的半自動式狙擊槍／機槍搭配堅固耐用的步槍構成小部隊戰術，既簡單又有效，這在各衝突地區皆已實際驗證。中國解放軍應該也是沿襲這種模式，藉由最低限度的努力，達成近代化目的。

２０１４年以後，中國製造的武器在性能方面有大幅提升，在國際市場上也變得相當熱銷。而大量供應市場後得到的反饋，又進一步為提升中國製武器的性能帶來貢獻。就算要在教育、訓練上多花點功夫，軍級單位的步槍、機槍、狙擊槍彈藥還是有可能全面換新也說不定。

NATO諸國的對抗策（關於彈藥與步槍）

為了對抗前蘇聯系彈藥與日俱增的威力，採用ＮＡＴＯ標準彈藥的國家也有進行獨自改良，不斷從事研發競爭。由於ＮＡＴＯ對於標準彈藥的規定僅限於外形尺寸，因此各採用國都會想盡辦法在此標準範圍內發揮巧思。有鑑於此，透過研究這些彈藥，也能一窺各國對於作戰方式的想法。

美軍並未使用基於當初設計基準製造的高性能彈藥，只採用性能較差、有效射程僅５００ｍ左右的５．56㎜Ｍ１９３彈作為制式彈藥。至於以設計ＭＩＮＩＭＩ而聞名的比利時ＦＮ埃斯塔勒槍廠則將之改良，推出以

圖42 最新的5.56mm彈頭（SS109）

「ＳＳ１０９」為名的５・56㎜高速彈，並採用作為５・56㎜ＮＡＴＯ標準彈。

ＳＳ１０９增加鉛製彈芯的重量，並於彈頭前端加上鋼套，尖端則設有空洞（Air Space）。這種彈頭一如圖42所示，命中時會讓開有空洞的尖端壓扁旋轉，發揮切斷血管與神經的效果。除此之外，使用改良的發射藥也讓它的射程延伸至６００ｍ。

當Ｍ16步槍與使用不合適彈藥造成大量美軍官兵於越戰中陣亡的問題被眾議院軍事委員會在Ｍ16步槍專案特別小組公聽會中提及時，美國國內也開始察覺歐洲使用的ＳＳ１０９所能發揮的其實才是５・56㎜彈原本具備的性能。

如此一來，美軍也跟進採用能夠發揮5.56㎜彈原本性能的M855，並於彈頭漆上綠色，稱其為「綠尖彈」，藉此與舊有彈頭區別。後來5.56㎜彈也有繼續進行研究，包括增加彈頭重量、改良發射藥，讓有效射程延伸至700m。然而，當先進國家大多發現要在5.56㎜彈裡塞進新技術，就物理尺寸而言已經達到極限後，便開始將研究重點轉移至改良餘裕較大的7.62㎜NATO標準彈。

由於使用能力提升型的7.62㎜彈，便能在交戰距離300~600m之間取得射擊能力優勢，因此也發展出新種類的「戰鬥步槍」，並陸續配賦使用。

「戰鬥步槍」是可以射擊7.62㎜×51㎜NATO常裝彈（槍口初速760m/s）的能力提升型自動步槍，槍口初速可達848m/s的7.62㎜×51㎜彈。其射程距離、破壞威力皆凌駕於前蘇聯系步槍使用的7.62㎜×39㎜短彈（槍口初速735m/s），且即便不使用7.62㎜×51㎜NATO減裝彈（槍口初速720m/s），連發時的命中精準度仍能維持高性能。彈頭的飛行速度差異，在對生體組織的作用上，會以彈速750m/s作為分界。

透過動物實驗與彈道明膠測試可以得知，若彈頭以600m/s以上的速度命中生體，便會因震波造成空洞現象（Cavitation）。但如果速度達到750m/s以上，便不只會在生體內產生空洞，而是連射出口那側的組織也都一起炸開，顯然能夠發揮「一擊必殺」的破壞力。若為槍口初速848m/s的7.62㎜×51㎜彈，在射擊距離350m附近仍能維持600m/s以上的彈速與動能，足以產生空洞現象（相同距離之下，5.56㎜彈的動能會衰減為7.62㎜彈的3分之1）。由此可見，「戰鬥步槍」可擔負的交戰距離，就會高於「突擊步槍」。

至於發射5.56㎜彈的步槍，則會逐漸特化成近距離戰鬥專用的「突擊步槍」。先進國家的軍隊會把射程300m以內的近距離戰鬥交給口徑5.

56mm的「突擊步槍」，射程300～600m則由口徑7.62mm的「戰鬥步槍」擔綱，會配賦兩種特化射程的步槍，讓步槍排持有2挺以上「戰鬥步槍」。NATO標準彈採用國會傾向使用「制式步槍」、「戰鬥步槍」、「突擊步槍」3種類型步槍，各自所占比例則會取決於用兵思想、教育所需、預算等因素。

瑞士在國土防衛上的步槍運用

瑞士雖然會提供步槍給NATO諸國，但本國的制式步槍SIG SG550（圖43）[*108]口徑雖然同為5.56mm，卻是採用獨自設計的專用子彈GW PAT.90 5.6mm彈，使其有效射程凌駕於NATO標準彈。從制式步槍SIG SG550把射程延長的這點，可以看出瑞士意圖殲敵於遠方，致力讓我軍殘存，藉此保留實力以規復國土的態勢。

「瑞士並沒有陸軍，瑞士這個國家本身就是陸軍」，正如這句話所言，瑞

*108 瑞士SIG公司研製的突擊步槍。1983年由瑞士軍採用作為制式步槍，梵諦岡衛隊也有配備。其命中精準度高，衍生型SG551、SG552也被世界各國的特種部隊採用。口徑5.56mm，雖然有GW PAT.90 5.6mm專用彈，不過也能射擊5.56mm NATO彈（命中精準度遜於專用彈）

圖43 SIG SG550

士是個全民皆兵的國家，成年男性退伍後會領到一把SIG SG550，並寄放於居住地區的所轄郵局統一保管。由於郵局掌管現金、通信，作為武器管理據點可說是恰到好處。

瑞士國內每年會舉辦超過2萬次射擊競賽，而競賽項目的射擊距離幾乎都在300m以上。瑞士聯邦司法警察部發行的手冊《民間防衛》(*109)有寫要把城鎮要塞化並澈底抵抗，之後的章節則強調一旦遭到占領，直到解放之前，避難中的國民皆應克制因憤怒導致的無謂行動，在抵抗活動構成組織之前，皆應咬牙忍耐。

＊109　瑞士政府發行的戰爭／災害國民守則。原書房有推出日文版

基於瑞士這種獨特的防衛思想，使得他們會採用射程較長的制式步槍。如此一來，在沒有高聳樹木、視射界較佳的高地與山岳地形，便能活用高低落差施展長射程進行作戰。至於在植被較為茂密的海拔區與郊外等射擊距離受到制約的地形，則會精心規劃狙殺點，藉此維持交戰距離上的優勢。

設法讓槍彈性能對本國防衛產生功效的印尼

印尼仿效NATO彈採用國的步槍小口徑化，將制式步槍口徑訂為5・56㎜，但仍依據本國用兵思想對制式步槍實施改良，以將射程發揮至最大。印尼軍在授權生產比利時FN埃斯塔勒（以設計MINIMI聞名）的FN-FNC之際，採用了獨自延長的槍管設計，以在使用相同彈藥之下將射程延長，此即為PINDAD SS1-V1步槍（*110）。

之所以會這麼做，是基於在敵軍登陸之前先將其殲滅於海上、在敵挺進至內陸之前將其殲滅於灘頭的明確目的考量。印尼之所以能每年都在

---

*110 印尼品達德公司將比利時FN埃斯塔勒研製的FN-FNC配合印尼用兵思想改良而成的突擊步槍。口徑5・56㎜，使用5・56×45㎜NATO彈

ＡＡＳＡＭ衛冕，應該就是因為他們的步槍雖同樣使用5.56㎜ＮＡＴＯ標準彈藥，但卻比照瑞士的ＳＩＧ ＳＧ５５０將射程延長，使其更適合應用於敵我交戰距離為６００ｍ以上的現代地面戰鬥樣態。

下一代步槍該如何選定

在思考未來步槍的時候，應該要針對如何與敵交戰、採取何種戰術進行研究。雖然地形與植被在作戰之際能有效活用，但卻不是決定交戰距離的要素。若想要像瑞士那樣保留實力持續奮戰，便得將槍枝性能做最大活用，發揮自遠方射擊敵人的有利條件。若地形與植被成為射程阻礙，便要事先設定好完成視射界清理的狙殺點，藉此解決相關問題。

就日本來說，在思考新型步槍時，必須考量射擊距離與威力該擺在何種水準。由於資源有限，因此得評估是否有預算比照美軍在制式步槍之外又採用突擊步槍、戰鬥步槍總共3種槍型，或是像澳洲那樣讓制式步槍變得多功能、像瑞士與印尼那樣延伸制式步槍射程並研擬配套戰術，不論是要採用何種裝備方針，皆須進行綜合研究才行。

採用重型狙擊槍的真正理由

世界有超過30個國家採用巴雷特M82作為反器材步槍（Anti Material Rifle）(*111)，使用12.7×99㎜NATO標準彈藥(*112)以上尺寸子彈的狙擊槍，不論東方西方皆迅速進展。為了在戰鬥中取勝，最簡單明瞭的一項重要因素，就是設法湊齊數量。伴隨武器的殺傷力提升，在地面戰鬥人員損耗激烈的現代戰爭當中，比起性能優異的精緻武器與少數能力突出的作戰高手，採用性能較遜但構造單純、易於生產以湊足數量、任誰都能輕易操作、在短時間內便能訓練至標準程度以發揮效果的武器，才是得以「持續戰鬥」的利器。各國之所以競相配備使用12.7×99㎜NATO標準彈藥的狙擊槍，就是要在短時間內培訓大量狙擊手，使其成為即用戰力，這與第2次世界大戰的太平洋

＊111　美國巴雷特槍械公司研製的半自動式重型狙擊槍。彈道直進性高，使用12.7㎜彈，包括燒夷彈、穿甲彈、炸裂彈等特殊彈頭。口徑12.7㎜，使用12.7×99㎜NATO彈

＊112　1921年開始使用，用於重型機槍與狙擊槍

航空作戰有著異曲同工之妙。

日美剛開戰時，美軍航空隊面對日本海軍的三菱零式艦上戰鬥機(*113)與陸軍的中島一式戰鬥機「隼」(*114)一度陷入苦戰。由於日軍飛行員自1937年中日戰爭開戰以來便持續在空戰中磨練纏鬥技術，導致美軍必須得在短時間內完成飛行員培訓，並配備性能超越日本軍機的戰鬥機。

首先，美軍對於飛行員的培訓採取澈底標準化教育。當時美國陸軍、海軍航空隊並不像日本那樣，有出現特別突出的王牌飛行員。除此之外，在前線表現優異的飛行員還會被調回美國本土，擔任教官將其技術標準化並加以普及。

就算駕駛飛機的技術再怎麼優異，該員充其量也不過就是單一人員。1個人的力量並不能擴增至3倍、4倍，且一旦本人在前線陣亡，其能力發揮便隨之告終。若戰爭能在短期之內結束，仰賴作戰高手或許還能管用，但若戰爭期間拖長，比起出類拔萃的能力，能在短時間內培養大量具備標準能力

---

*113　由堀越二郎等人設計、三菱重工與中島飛行機製造的大日本帝國海軍艦上戰鬥機，1940年開始運用。其設計澈底講求輕量化，具備優異運動性能，於太平洋戰爭初期創下相當輝煌的戰果。然而，強人所難的輕量化手法卻讓其耐用度變差，等到美軍投入新型戰鬥機後，便逐漸形成逆轉

*114　由小山悌設計、中島飛行機與立川飛行機等製造的大日本帝國陸軍戰鬥機，1941年開始運用。與零式艦上戰鬥機一樣，在太平洋戰爭中盤面對盟軍新型戰鬥機時陷入苦戰

的人材，便顯得更為重要。

當初零式艦上戰鬥機配備2門20mm機砲（翼內）與2挺7．7mm機槍（機首），這代表飛行員必須要能一邊操縱飛機，一邊運用2種槍砲才行。之所以會採取這種與簡明反其道而行的複雜作法，是來自於對20mm機關砲彈的過度期待。依據日本國法令與國際慣例，會將口徑20mm以上歸類為「砲」，功能與「槍」有所區分。口徑20mm以上的砲彈，可以裝入引爆用的信管與炸藥，只要命中1發，便能摧毀防護堅固的敵戰鬥機或轟炸機。

然而，當時日本海軍使用的九九式1號槍是瑞士奧立岡ＦＦ機砲的授權生產品，初速為６００m/s，比64式步槍還慢，彈道會呈曲線狀。在空戰纏鬥的立體運動中，要讓彈道呈曲線的機砲砲彈命中敵機，根本就是至難神技。除此之外，每門機砲的攜行彈數僅有60發，後來增加至１２５發也仍嫌過少，往往於修正彈著時就會把彈藥打光，因此在前線根本無法發揮效用。坂井三郎(＊115)與其他許多王牌飛行員都表示，每挺備有３００發子彈的7．

＊115 日本海軍軍人，最終階級為海軍中尉。是太平洋戰爭中的王牌飛行員

7㎜機槍還比較實用。零式艦上戰鬥機配備20㎜機砲之所以能夠造成話題，僅是因為少數成功案例獲得矚目，其實搭載20㎜機砲絕非零式艦上戰鬥機的長處。

第5章

戰鬥醫療的必要性

與永田市郎的關聯

二見 話說2003年時，您在我擔任連隊長的時候前來40連隊講習，當時有些什麼樣的感想呢？可以說說看嗎。

照井 由於我當時剛從第18普通科連隊(＊116)轉調至師團司令部，因此可以明顯感受到司令部與第一線戰鬥部隊的普通科連隊有相當差異。除此之外，比較札幌的第18普通科連隊與接受最尖端訓練的第40普通科連隊，也非常能夠看出普通科部隊之間的明顯差異。40連隊就連最基層的陸士，也都會在充分經過思考後才採取行動。他們平常就會認真去考量該如何達成應該達成的任務，感覺上對於自己的人生本身相當重視。就隊員的普遍印象而言，即便是年輕隊員，感覺上也都非常成熟穩重。與其他自衛官相比真的是差很多，就精神年齡而言根本就不是同一水準。

二見 照井先生當時是3等陸曹吧？

＊116 駐紮於北海道札幌市真駒內駐屯地，隸屬陸上自衛隊第11旅團的普通科連隊

照井 是的。

二見 當時40連隊從照井3曹那裡學了不少事情呢，您還有引介過永田市郎先生，您與市郎先生是何種關係呢？

照井 在連隊進行講習時，市郎先生知道我是從札幌過來，便表示希望能去北海道講習，看我能不能穿針引線，而我就把市郎先生介紹給當時師團司令部的第3部長。就第18普通科連隊而言，由於這算是多了一份差事，因此曾大力反對，但由於我當時服務於師團司令部的第3部，因此在第3部長指示之下，終於能讓市郎先生前來指導。市郎先生能將美國的最尖端戰鬥技術以合乎日本人的方式進行指導，不僅能力非常卓越，為人也相當值得敬佩。

成為衛生科職種的幹部

二見 之後，在知道照井先生成為幹部時，卻令我大受衝擊。您居然沒有留在普通科，而是轉入衛生科職種，為什麼會如此作想呢？

照井 為了讓戰鬥部隊變強，就必須精通衛生科的知識，包含解剖及生理構造才行。我在30年前閱讀柘植久慶(*117)的著作後，便開始萌生這樣的意識。

現在的射擊術與刀械格鬥術，會反映人體的解剖及生理構造研究。從伊拉克與阿富汗的戰鬥外傷研究可以得知，人一旦遭受致命外傷，大腦就會陷入恐慌狀態，暫時無法感到疼痛，這點可說是特別顯著。設法以近距離射擊破壞腦幹等中樞神經、在從事刀械格鬥時重視切斷腳筋使敵無法動彈，改為採行這些做法，都是因為人在遭受致命傷時暫時不會有痛覺所致。

美軍戰鬥部隊的士兵，對於解剖及生理構造方面的知識，可能都比陸自程度較差的衛生科隊員還要熟悉，這點真是令人驚訝。

沒能掌握衛生相關知識，就無法挽救生命，進而連仗都打不贏。時至今日，已經不是瞄準身體正中央射擊就能撂倒敵人的時代了，沒有針對致命部位一槍打給他死透是不行的。

那麼，要打哪裡才最能讓對手感到痛苦、最能一擊致命，這就必須搞清

---

*117 當過軍人的作家／軍事評論家

楚才行。如此一來，只要能夠結合衛生科的知識與槍彈將來具備的潛力，就能打造更為精強的自衛隊，並讓隊員的犧牲減至最低。當然，也有人跟我說就算繼續留在普通科當幹部，也還是可以討論衛生管理方面的事情，並且進行各種研究，但追根究底我沒有診療執照，也未受過系統性的醫學教育。在自衛隊能夠接受這些教育的機會，就只有衛生科的ＢＯＣ（幹部初級課程）而已，所以我才會想要轉換跑道至衛生科挑戰。

二見　這樣轉換跑道，不會覺得鴻溝很大嗎？

照井　關於衛生科，我認為它是一個非常需要用功學習的職種。由於醫學的進步速度比想像中還要飛快，為了跟上時代腳步，必須一直努力充實知識才行。然而，我覺得陸自與世界上正在發生的變化實在是過於疏離，即便對於醫學技術的進步還算敏感，但就自衛隊今後該如何是好，卻宛若渾然無所覺。這樣真的能保護生命嗎？戰鬥職種的隊員真的能平安無事不會陣亡嗎？實際親身感受之後，我實在是覺得相當不安。

若是在普通科的衛生小隊，由於所處中隊的其他隊員大家都是熟面孔，萬一他們真的負傷，自己就得負責執行應急處置，因此不僅責任感相當重，也會非常努力用功，致力學習如何拯救生命。但若是在師團、旅團後方的衛生科部隊，就會變成站在接收患者的立場，缺乏直接處理自己認識隊員的傷勢那種真實感，進而覺得自己學到的衛生科技術這一輩子好像都用不上似的。有鑑於此，大多數隊員就會傾向墨守成規，認為繼續照現在這樣下去不也沒有什麼不好。

阪神淡路大震災以後，當時身為獨立部隊，規模相當龐大的師團衛生隊也縮編至4分之1，且還併入後方支援連隊，喪失了獨立性。由於部隊規模縮小，因此在後方職種當中也變成少數派。美軍的衛生科人數僅次於步兵、騎兵、砲兵、工兵，占全軍的12％，但陸上自衛隊卻只占6％，在後方職種當中又顯得更少。除此之外，在緊急狀況之際擔綱治療／後送業務核心，平時擔任指導者的醫官也大量離職。若以防衛醫大畢業生人數來計算，原本應該要有2300人的，但根據防衛省公佈的數據，實際上只剩下900人左右，且其中還包括150位齒科醫官（牙醫）。由於防衛醫大並未培訓牙醫，因此要從960人扣掉150名齒科醫官，剩下的750人才是實際醫官人數。這已經低到必要員額的3分之1，使健康管理業務陷入相當危險的狀態。

醫官的缺員會由看護官補上，看護官的業務則由其他醫療人員遞補，因此造成慢性人手不足。再加上衛生科部隊規模縮小，但衛生支援業務量卻沒有減少，導致雪上加霜。當時師團衛生隊被改編為後方支援連隊衛生隊與方面衛生隊，我所在的第11師團第11後方支援連隊衛生隊則縮小至第11旅團的後方支援隊衛生隊。經過這麼多次縮小與部隊改編，真是令人感到澈底疲累，已經不想再有什麼變化了。

戰鬥醫療的進步

二見 就如照井先生出的書(*118)在書腰帶上寫道，若被槍打到，最短1分鐘內就可能會死亡，那到底還要不要救？自衛隊與世界實在是相當脫節呢。這樣的鴻溝，今後到底該怎麼做才有辦法填補呢，這方面您怎麼看？

照井 美軍其實也沒有太大變革，直到2004年的費盧傑戰役(*119)之前，其實他們都還在用三角巾與棒子止血。伊拉克戰爭於2003年5月1日結束，該年陣亡486員、負傷2416員。然而，即便戰爭告終，美軍卻仍繼續與恐怖份子作戰。戰爭結束1年後的2004年，竟出現將近2倍的849員陣亡者，負傷者則有8004員，人數達到最高峰。直至2007年的4年期間，陣亡與負傷人員的數量都持續維持在戰爭結束時2倍以上的狀態。陣亡人數的最高峰落在2007年，共有902員。從2004年4月到戰死傷者激增這段期間，其實都與越戰沒什麼兩樣。

---

*118 《【增修版】戰鬥外傷救護》

*119 2004年美軍與伊拉克武裝勢力於伊拉克費盧傑爆發的戰鬥

由於越戰時期因手腳受傷導致的死亡占60％，因此若配發止血帶，應該就能救回來，所以便從2005年開始供應止血帶。然而，即便領到止血帶，死亡率卻未能減低。為了應處死亡率達到33％的胸部穿通性外傷造成的張力性氣胸（*120）與氣管受損造成的氣管閉塞，美軍發現必須從個人急救用品到治療／後送系統都得重新調整，應該進行更具綜合性的教育與物品整備。在從2004年開始持續4年的反恐戰爭當中，這樣的改變在戰死傷者持續增多的狀態下日益鍛鍊起來。

在持續至2011年的反恐戰爭中，由於教育與物品的普及，使得因手腳受傷導致的死亡率從60％降低至5分之1的12％，特別是緊張性氣胸造成的死亡率，更是從33％降低至1％，這樣的進步可說是世界罕見。

二見　各自降低至12％與1％真的是很厲害呢。

照井　更厲害的是，降低張力性氣胸死亡率的作法並非配發物品，也沒修訂法律，而是只靠教育訓練便能達成。現在這種胸口密封貼布（*121）的設計，其實是

＊120　肺內空氣因故洩漏至肺外胸腔內，對肺與心血管造成壓迫的一種疾患

＊121　為了避免空氣透過胸部敞開外傷進入胸腔影響呼吸，用來封閉胸部外傷而研製的急救醫療用品。有些還會附帶活門，可將胸腔內多餘的空氣向外排出

在2012年以後才出現的。

二見　這還真是新呢。

照井　當時之所以能把張力性氣胸的死亡率減至1/33，就只是因為有貫徹「總而言之就是想辦法把胸部的開口封住，不管是拿塑膠袋還是什麼都好，只要別讓空氣跑進去即可。只要覺得不舒服，就趕緊包起來」這樣的教育。也就是說，這跟沒工具、沒預算、法律什麼的根本就沒關係。光只靠教育訓練，便能將死亡率降低至1/33。簡單講，只要想做，就有辦法救命。要讓自衛隊產生改變，就是缺放手去做的這一把火。

反之，若沒有確實進行教育訓練，即便發下裝備，也還是救不了命。事實上，美軍將死亡率降低至1/33的胸口密封貼布，陸上自衛隊也採購了15萬4千人份，並發給每位隊員。然而，卻沒有進行相關教育訓練。除此之外，這種胸口密封貼布在美國其實已經因為若錯誤使用便有可能導致死亡而不再續用，但陸自仍煞有其事地大量採購配發，然後又不教人怎麼使用。光看這一點，便不禁令人懷疑這把火到底是燒真的還是燒假的。

那些會說因為沒錢所以做不到的人，就算是給他錢也還是什麼都做不到。拿法律當藉口的人也是半斤八兩，光是講出法律這兩個字，就足以代表這人根本就沒想要去思考。戰場救命行為有將近90％都是不待法律修訂便能立即實行的事情，會因法律構成的最大問題，在於戰場的鎮痛領域。日本的麻藥管理非常嚴格，即便是在醫院，麻藥使用也會受到相當限制。就算是醫師，也很少有機會能把麻藥帶出醫院，因此對於外傷，只能以沒有經過實際驗證的鎮痛藥來進行止痛，這種狀況就連在平時也都很危險。若要把法律拿出來講，就必須針對哪部法律的第幾條、第幾項來進行具體討論才有意義。

美國在2011年結束反恐戰爭的翌年，於2012年將這段期間軍方累積的外傷治療資料與研究對民間公開，使醫學的外傷救護／救命領域一口氣獲得進化。在此之前的教科書大多已經改寫，但日本卻仍以2003年自美國引進的JPTEC（Japan Prehospital Trauma Evaluation and

Care）作為到院前外傷教育課程主流，且內容還是以交通事故為主，並無戰鬥外傷的體驗學習。

首先應該做的，是進行2012年以後的最新外傷教育訓練，包含考量心肺停止與反恐對策的槍傷、炸傷、刀械致命外傷應處，實施綜合救命教育，努力普及JPTEC的源流ITLS（International Trauma Life Suppor，國際標準到院前外傷教育課程）創始人所建立的Tactical Medicine Essentials（國際標準戰鬥外傷教育課程）。

促進戰場救護發展的重點

二見　法軍從以前開始在編成上應該會有比較多的衛生隊員，照井先生對於這方面想必也知道得比較詳細，請務必談一談。

照井　說到這個法軍啊，每支60人的實戰部隊就會配屬1名醫師、1名正護理師、2名准護理師。也就是說，會有4名醫療人員照顧60人的戰鬥部隊。法軍並沒有醫務兵，應該說法國本身就不存在急救士這個職業。消防車的內裝有一半做成救護車的構造，並由消防士兼任急救隊員。至於比照日本的救護車那樣運用的則是醫療車，醫師會直接前往現場。這樣的作法在法軍實戰部隊也比照辦理，醫師會親臨第一線的患者集合點。

二見 這跟自衛隊可說是截然不同呢。

照井 雖然自衛隊常被說若沒有醫師在場便因法律限制而無法處置，但法國可是直接把醫師派了出來。採用這種做法，便能確實拯救生命。至於美國，雖然稍有受限，但也會派出具備醫師能力的救命士，藉此提高救命成功率。反觀日本，對於這兩種做法皆未採用。

二見 換個方式想，由於日本一旦陷入戰爭，就是屬於專守防衛，因此應該會在本國領土上打仗。若要設法善用日本已經具備的資源來保衛國家，就必須推動綜合急救救命訓練。我覺得這應該算是國土防衛戰的優點，關於這方面有什麼可以提供做為參考的嗎？

照井　首先會卡到法律，既然講到法律，就要具體討論到底是第幾條會構成問題，但根本就沒聽過有誰真的把這個拿出來講。舉例來說，有條法律是讓一般民眾能夠更不顧忌著手救人的《好撒馬利亞人法》(*122)，雖然這件事常被拿出來討論，但最後卻沒有對法律進行修訂或制定。就像日本國憲法在這70年根本就沒修訂過一樣，對法律進行整備，然後進一步採取行動，這種事情根本就沒人在推動。有鑑於此，至今還是只能仰賴個人努力、以個人擔負拯救生命的責任，這在平時的急救行為上也是一樣。

為了對自衛隊的醫務教育進行改革，例如是否能夠對氣管進行插管，這原本算是灰色地帶，但在厚生勞動省發出1項通知之後，便釐清了其實從以前開始就可以做。像這樣，在法律方面一直都沒有確實整備，導致如今依舊只能仰賴個人努力。首先必須改變的事情，就是這種樣態。

二見　有什麼可以突破這點的想法嗎？

照井　在想法方面，我覺得美國僅透過教育訓練便能將張力性氣胸的死亡率

---

*122　為了拯救因災難、急病而陷入生命垂危的傷病者／患者，只要是無償且基於善意採取的良識、誠實行動，即便最後的結果並未成功，也不會追究其責任的法律。由於日本並沒有這樣的法律，因此只能以民法698條的〈緊急事務管理〉比照適用。與《好撒馬利亞人法》不同的是，《好撒馬利亞人法》必須由被救護的傷病者備齊證據才可對救護者提告，但〈緊急事務管理〉卻得由救護者自行蒐集其行為是基於善意、具良識、無過失的證據來證明自己的清白

率減至1/33的做法相當值得學習。也就是說，即便無法更動法律、沒有相關裝備，也還是能靠教育訓練增進救命成功率。

我想只要做好這點，就算沒有修訂法律，也應該還是能讓戰場上的救命成功率提高到90％。

關於今後的活動

二見 照井先生今後應該也會挑戰許多各種不同的活動，可以談一下之後的活動方向大概會朝哪邊發展嗎？

照井 首先最應該做的，就是改變與救命有關的意識。我在很多地方都被要求「請教些簡單的東西」，但越是想要簡單，若裝備不夠好，就越是沒辦法簡單。例如照相機，只要有自動對焦，任誰也都能把照片拍好。好的裝備相當重要，AED也是一樣。想要讓事情變得簡單，就只能讓工具更加進步。為了追求簡單，不僅必須付出相當大的努力，也非常花錢。

例如AED的研製與整備，事實上就得花費大筆金錢。然而，一旦整備完成，便任誰都能輕易使用，讓救命成功率提高至4倍以上。每年約有7萬人死於心臟驟停，能讓救命成功率提高至4倍，意義可說是非常重大。自衛隊的救命工作也是一樣，有了好的裝備，便已算是完成八成。不朝這方面付出努力，就無法讓救命工作變得簡單。我會設法努力傳播這方面的資訊，並教導如何製作教材、對系統進行整備等。

二見 到現在，志同道合的夥伴有越來越多嗎？

照井 目前致力於反恐對策的醫師有越來越多的傾向，但醫療與從事戰鬥行為意象較強的自衛隊仍顯得互不相容，導致有些醫師一開始會顯得很不情願。在我不斷努力傳播資訊、整備教育內容之下，才終於獲得化解，變得能夠倚靠。

至於國防方面，由於我已經辭去自衛隊職務，因此無法以自衛官的身份直接參與。然而，我卻可以對在海外危險地區活動的日本人傳授保護生命的技術，使得海外日本人的評價因而提高。由於世界各國會透過日本人來了解日本是怎麼樣的一個國家，因此我覺得若能提高日本人的評價，也就等同於間接保護了日本，這也算是一種充實國防的做法。雖然在實際打仗時擁有實力相當重要，但這只有在發生戰爭時才會顯現，為了防範戰爭於未然，提高世界對日本人的評價便顯得非常關鍵。除此之外，這樣的評價也是代代日本人透過漫長歷史逐步累積出來的，讓它能夠繼續發展，應該就能避免重蹈戰爭覆轍。我認為自己在自衛隊獲得的經驗，在這方面也能派上用場。

二見 真是非常感謝您。這本書應該能對各種不同領域的人提供知識與啟發，書中談到的每件事情都是照井先生逐步累積出來的，除了自衛隊之外，應該也要讓它能對外部帶來影響，期望您能繼續努力加油。

結語

認識照井先生，不知不覺也已經過了15年以上。當初會認識他，是透過在40連隊單行本系列第2彈《自衛隊最強の部隊へ—ＣＱＢ・ガンハンドリング編》（誠文堂新光社）中出現的永田市郎先生介紹，他當時跟我說：「有個自衛隊還蠻不常見，雙手沾滿鐵味與油味的人物（平常會從事實彈射擊、保養槍械以進行狩獵的人）。他姓照井，從這次訓練開始，會依第11師團司令部第3部長之命從北海道前來參加」。

當時照井先生的階級雖然只是陸曹，但知識水準卻相當高，足以對40連隊的隊員講解槍械操作、彈頭特性相關課程。包括彈頭形狀、包覆彈頭的金屬種類各自具有的不同破壞力、裝藥（發射子彈用的火藥）對彈頭威力與彈道特性造成的影響等，包括幹部在內，許多40連隊的隊員都對在永田市郎先生訓練課程之間穿插進行的照井3等陸曹講習讚譽有加。他所說的事情，都是在自衛隊內不曾聽聞的寶貴知識。

自從我認識他之後，只要一有機會，我就會請照井先生前來講課。照井先生總會趁著業務空檔，在大背包裡塞滿與戰鬥醫療有關的教材，滿臉笑容地來到駐屯地，讓人覺得他真得是個好人。實施戰鬥醫療教育時，也總是非常細心、熱情。我總覺得每次見到照井先生，他的能力與為人都有所提升。常言道，持之以恆就是力量，照井先生可說是澈底實踐了這句話，不斷克服重重難關。現在照井先生已經把以往逐步學習累積起來的內容融會貫通，整理成具備體系的知識，今後想必會更加突飛猛進。看到他即使在如此繁忙的狀態下也仍然能夠孜孜不倦地持續學習，未來他更加強大的樣子便已浮現眼前。今後若有機會，還想與照井先生聊聊戰鬥醫療方面的話題，在此敬祝照井先生能夠更加活躍。

2020年4月　二見龍

設計　鈴木徹（THROB）
插畫　大橋昭一
編輯協力　若林輝（リバーウォーク）

DANGAN GA KAERU GENDAI NO TATAKAIKATA
Copyrights © 2024, Ryu Futami,Motoki Terui
All rights reserved.
First original Japanese edition published
by Seibundo Shinkosha Publishing Co., Ltd. Japan.
Chinese (in traditional character only) translation rights
arrangedwith Seibundo Shinkosha Publishing Co., Ltd. Japan.
through CREEK & RIVER Co.,Ltd.

從子彈看戰術轉變

步槍、彈藥與醫療的戰略進化

出　　版／楓樹林出版事業有限公司
地　　址／新北市板橋區信義路163巷3號10樓
郵政劃撥／19907596 楓書坊文化出版社
網　　址／www.maplebook.com.tw
電　　話／02-2957-6096
傳　　真／02-2957-6435
作　　者／二見龍、照井資規
翻　　譯／張詠翔
責任編輯／陳亭安
內文排版／楊亞容
港澳經銷／泛華發行代理有限公司
定　　價／420元
出版日期／2025年7月

國家圖書館出版品預行編目資料

從子彈看戰術轉變：步槍、彈藥與醫療的戰略進化／二見龍, 照井資規作；張詠翔譯. -- 初版. -- 新北市：楓樹林出版事業有限公司, 2025.07　面；　公分

ISBN 978-626-7729-20-5（平裝）

1. 槍械 2. 彈藥 3. 軍事戰略

595.9　114007273

嚴禁複製。本書刊載的所有內容（包括內文、圖片、設計、表格等），
僅限於個人範圍內使用，未經著作者同意，禁止任何私自使用與商業使用等行為。